休闲食品

XIUXIAN SHIPIN
SHENGCHAN
GONGYI
YU PEIFANG

生产工艺与配方

◎ 高海燕　孙晶　主编

 化学工业出版社

·北京·

图书在版编目（CIP）数据

休闲食品生产工艺与配方/高海燕，孙晶主编.—北京：化学工业出版社，2015.9（2022.10重印）
ISBN 978-7-122-24709-4

Ⅰ.①休…　Ⅱ.①高…②孙…　Ⅲ.①食品工艺学
②食品加工-配方　Ⅳ.①TS201.1②TS205

中国版本图书馆 CIP 数据核字（2015）第 167637 号

责任编辑：彭爱铭　　　　　　　　装帧设计：韩　飞
责任校对：吴　静

出版发行：化学工业出版社（北京市东城区青年湖南街 13 号　邮政编码 100011）
印　　装：北京科印技术咨询服务有限公司数码印刷分部
850mm×1168mm　1/32　印张 7½　字数 201 千字
2022 年 10 月北京第 1 版第 8 次印刷

购书咨询：010-64518888　　　　　　售后服务：010-64518899
网　　址：http://www.cip.com.cn
凡购买本书，如有缺损质量问题，本社销售中心负责调换。

定　　价：39.80 元　　　　　　　　版权所有　违者必究

前　言

　　休闲食品是小食品中的一类，也是丰富人们生活的一类产品，深受广大人民群众的喜爱。各类休闲食品市场快速发展，市场上的销售量越来越大，呈现出一片前所未有的繁荣景象。

　　我国农产品资源十分丰富，随着人们生活水平的不断提高，原来以温饱型为主体的食品消费格局，逐渐向风味型、营养型、休闲型、享受型甚至功能型的方向转化。在当今的休闲食品市场上，决定产品价格的主要因素是产品的香气和滋味。仅有高档次的原料，不一定能调配出高档次的产品。要想达到现代理想的味觉效果，必须在先进的调味理论指导下，选择适宜的原料，采用合理的配比，进行"五味调和"，因此本书对休闲食品调味技术进行了适当阐述。

　　笔者在编写过程中结合了科研实践，将传统工艺与现代加工技术相结合，使得本书内容全面具体，条理清楚，通俗易懂，可操作性强。本书可供从事休闲小食品开发的科研技术人员、企业管理人员和生产人员学习参考使用，也可作为相关高校以及职业技术学院食品科学与工程、食品质量与安全等相关专业的实践教学参考用书。

　　本书由河南科技学院高海燕和辽宁医学院孙晶主编，辽宁医学院于小磊和吉林工程职业学院夏明敬副主编。其中高海燕主要负责第一章、第三章编写工作，孙晶主要负责第五章、第七章编写工作，并参与第一章的编写工作，夏明敬主要负责第二章编写工作，于小磊主要负责第四章、第六章编写工作。同时河南科技学院莫海珍、洪帅、高莹莹，齐齐哈尔工程学院郭玲玲，西北农林科技大学杨保伟，四川旅游学院王林参与了部分资料查阅和文字整理工作。在编写过程中吸纳了相关书籍之所长，在此对原作者表示衷心感谢。

　　由于时间仓促和笔者水平所限，不当之处在所难免，希望读者批评指正。

编者

2015 年 5 月

目　录

第一章　休闲食品调味　1

第一节　调味料概述 …………………………………………… 1
一、味及调味料分类 ………………………………………… 1
二、调味料发展过程 ………………………………………… 5
第二节　调味理论 ……………………………………………… 7
一、调味原理 ………………………………………………… 7
二、调味手段 ………………………………………………… 11
三、调味方法 ………………………………………………… 13
四、调配方法 ………………………………………………… 15
五、调香技术 ………………………………………………… 19
第三节　调味料 ………………………………………………… 22
一、咸味剂 …………………………………………………… 22
二、鲜味剂 …………………………………………………… 23
三、甜味剂 …………………………………………………… 24
四、酸味剂 …………………………………………………… 24
五、调味油 …………………………………………………… 24
第四节　香辛料 ………………………………………………… 26
一、天然香辛调味料 ………………………………………… 26
二、天然混合香辛料 ………………………………………… 27
三、香辛料提取物 …………………………………………… 28
四、调味肉类香精 …………………………………………… 28

第二章　五谷杂粮休闲食品　32

第一节　膨化技术 ……………………………………………… 32
一、膨化方法分类 …………………………………………… 32

二、挤压膨化方法 ………………………………………… 33

三、微波和烘焙膨化方法 ………………………………… 34

四、油炸膨化方法 ………………………………………… 34

第二节　大米休闲食品 …………………………………… 36

一、锅巴 …………………………………………………… 36

二、咪巴 …………………………………………………… 37

三、膨化锅巴 ……………………………………………… 38

四、茶香大米锅巴 ………………………………………… 39

五、大米营养膨化食品 …………………………………… 40

六、米豆休闲膨化食品 …………………………………… 41

七、海鲜膨化米果 ………………………………………… 42

八、全膨化天然虾味脆条 ………………………………… 43

九、营养麦圈和虾球 ……………………………………… 44

十、营养米圈 ……………………………………………… 45

十一、膨化夹心米酥 ……………………………………… 45

十二、谷粒素 ……………………………………………… 47

十三、薄酥脆 ……………………………………………… 48

十四、日本米饼 …………………………………………… 49

十五、香酥片 ……………………………………………… 50

第三节　小麦休闲食品 …………………………………… 51

一、韧性饼干 ……………………………………………… 51

二、酥性饼干 ……………………………………………… 52

三、苏打饼干 ……………………………………………… 53

四、维夫饼干 ……………………………………………… 55

五、蛋黄饼干 ……………………………………………… 56

六、五花饼干 ……………………………………………… 57

七、果酱夹心饼干 ………………………………………… 58

八、西凡尼饼干 …………………………………………… 59

九、花生珍珠糕 …………………………………………… 59

十、焦皮酥 ………………………………………………… 60

十一、菊花酥 ……………………………………………… 61

十二、小麦酥 ……………………………………………… 62

十三、核桃酥 ……………………………………… 62

十四、杏仁酥 ……………………………………… 63

十五、奶油浪花酥 ………………………………… 63

十六、奶油巧克力蛋黄酥 ………………………… 64

十七、六瓣酥 ……………………………………… 65

十八、开口笑 ……………………………………… 66

十九、排叉 ………………………………………… 66

二十、翠绿龙珠 …………………………………… 68

二十一、托果 ……………………………………… 68

二十二、大方果 …………………………………… 69

二十三、杏仁角 …………………………………… 69

二十四、奶油小白片 ……………………………… 70

第四节　玉米休闲食品 …………………………… 71

一、玉米花 ………………………………………… 71

二、玉米花沾 ……………………………………… 72

三、玉米果 ………………………………………… 73

四、玉金酥 ………………………………………… 74

五、玉米香酥豆 …………………………………… 75

六、玉米膨化果 …………………………………… 75

七、炸鲜玉米球 …………………………………… 76

八、玉米脆片 ……………………………………… 77

九、甜玉米脆片 …………………………………… 78

十、黑芝麻玉米片 ………………………………… 79

十一、玉米糕 ……………………………………… 80

十二、蛋黄玉米酥饼 ……………………………… 81

十三、低热干酪增香玉米卷 ……………………… 82

第五节　小米休闲食品 …………………………… 83

一、小米锅巴 ……………………………………… 83

二、小米薄酥脆 …………………………………… 84

三、小米黑芝麻香酥片 …………………………… 85

四、小米、豆粉营养饼干 ………………………… 86

五、小米"香酥脆"曲奇饼干 …………………… 87

六、小米酥卷 ……………………………………………………… 88
第六节 薯类休闲食品 ………………………………………………… 88
一、复合马铃薯膨化条 ……………………………………………… 88
二、油炸膨化马铃薯丸 ……………………………………………… 90
三、马铃薯菠萝豆 …………………………………………………… 90
四、油炸膨化红薯片 ………………………………………………… 91
五、红薯虾片 ………………………………………………………… 92
六、香酥薯片 ………………………………………………………… 93
第七节 糯米休闲食品 ………………………………………………… 94
一、云片糕 …………………………………………………………… 94
二、雪枣米果 ………………………………………………………… 95
三、海苔烧米果 ……………………………………………………… 97
四、油炸膨化米饼 …………………………………………………… 98

第三章　糖制休闲食品　　99

第一节 糖制技术 ……………………………………………………… 99
一、软糖及羹类加工 ………………………………………………… 99
二、糖衣类加工 ……………………………………………………… 99
第二节 糖衣食品 ……………………………………………………… 100
一、红薯酥糖 ………………………………………………………… 100
二、糖蘸豆 …………………………………………………………… 101
三、糖酥黄豆 ………………………………………………………… 102
四、砂糖浆豆酥糖 …………………………………………………… 103
五、豆酥糖 …………………………………………………………… 104
六、米花糖 …………………………………………………………… 105
七、油酥米花糖 ……………………………………………………… 106
八、桂花米花糖 ……………………………………………………… 106
九、乐山香油米花糖 ………………………………………………… 107
十、五仁米花糖 ……………………………………………………… 108
第三节 软糖及羹类食品 ……………………………………………… 109
一、红薯饴糖 ………………………………………………………… 109
二、广西芝麻糖 ……………………………………………………… 109

三、蜂蜜麻糖 ………………………………………………… 110

四、麻杆糖 …………………………………………………… 111

五、孝感麻糖 ………………………………………………… 112

六、糯米芝麻糖 ……………………………………………… 112

七、芝麻酥 …………………………………………………… 113

八、广西桂林酥糖 …………………………………………… 114

九、交切芝麻糖 ……………………………………………… 115

十、片式芝麻糖 ……………………………………………… 116

第四章　炒制休闲食品　118

第一节　炒制技术 …………………………………………… 118

一、炒制类加工 ……………………………………………… 118

二、油氽类加工 ……………………………………………… 119

三、烧煮类加工 ……………………………………………… 119

第二节　炒制食品 …………………………………………… 120

一、甘草西瓜子 ……………………………………………… 120

二、五香瓜子 ………………………………………………… 120

三、十香瓜子 ………………………………………………… 122

四、多味葵花子 ……………………………………………… 123

五、奇香瓜子 ………………………………………………… 123

六、风味瓜子 ………………………………………………… 124

七、牛肉汁西瓜子 …………………………………………… 125

八、保健瓜子 ………………………………………………… 126

九、玫瑰瓜子 ………………………………………………… 127

十、奶油瓜子 ………………………………………………… 127

十一、奶茶香南瓜子 ………………………………………… 129

第三节　油炸食品 …………………………………………… 130

一、油炸蚕豆 ………………………………………………… 130

二、怪味蚕豆 ………………………………………………… 131

三、兰花豆 …………………………………………………… 131

四、酥蚕豆 …………………………………………………… 132

五、五香花生米 …………………………………………… 133

六、怪味花生米 …………………………………………… 133

七、琥珀花生仁 …………………………………………… 134

八、鱼皮花生仁 …………………………………………… 135

九、香酥多味花生 ………………………………………… 136

十、麻辣杏仁 ……………………………………………… 137

第五章　肉类休闲食品　139

第一节　肉品加工技术 …………………………………… 139

一、肉干加工方法 ………………………………………… 139

二、肉松加工方法 ………………………………………… 140

三、肉脯加工方法 ………………………………………… 143

四、肉糜脯加工方法 ……………………………………… 144

第二节　肉干食品 ………………………………………… 145

一、五香肉干 ……………………………………………… 145

二、天津五香猪肉干 ……………………………………… 146

三、脆嫩五香猪肉干 ……………………………………… 147

四、鞍山枫叶肉干 ………………………………………… 148

五、麻辣猪肉干 …………………………………………… 148

六、成都麻辣猪肉干 ……………………………………… 149

七、上海猪肉干 …………………………………………… 150

八、武汉猪肉干 …………………………………………… 151

九、咖喱猪肉干 …………………………………………… 152

十、颗颗猪肉干 …………………………………………… 152

十一、牛肉干 ……………………………………………… 153

十二、灯影牛肉干 ………………………………………… 154

第三节　肉松食品 ………………………………………… 157

一、传统牛肉松 …………………………………………… 157

二、平都牛肉松 …………………………………………… 158

三、哈尔滨牛肉松 ………………………………………… 159

四、家制牛肉松 …………………………………………… 160

　　五、太仓肉松 …………………………………………… 161

　　六、福建肉松 …………………………………………… 162

　　七、济南猪肉松 ………………………………………… 163

　　八、麻辣型兔肉松 ……………………………………… 164

第四节　肉脯食品 ………………………………………… 165

　　一、五香牛肉脯 ………………………………………… 165

　　二、传统牛肉脯 ………………………………………… 165

　　三、明溪肉脯干 ………………………………………… 166

　　四、靖江牛肉脯 ………………………………………… 167

　　五、安庆五香牛肉脯 …………………………………… 167

　　六、北京牛肉脯 ………………………………………… 168

　　七、陕西五香腊牛肉 …………………………………… 169

　　八、茶味牛肉脯 ………………………………………… 169

　　九、新型牛肉脯 ………………………………………… 170

　　十、脆嫩牦牛肉脯 ……………………………………… 171

　　十一、休闲牛肉棒 ……………………………………… 173

　　十二、麻辣牛肉豆腐条 ………………………………… 174

　　十三、方便牦牛肉条 …………………………………… 175

　　十四、牛肉米片 ………………………………………… 176

　　十五、牛肉糕 …………………………………………… 178

　　十六、麻辣牛肉条 ……………………………………… 179

　　十七、麻辣牛肉干 ……………………………………… 180

第五节　酱卤制品生产 …………………………………… 180

　　一、卤水鹅片 …………………………………………… 180

　　二、香卤鹅膀 …………………………………………… 181

　　三、八角酱鹅肉 ………………………………………… 182

　　四、醉鹅掌 ……………………………………………… 182

　　五、麻辣乳鸽 …………………………………………… 183

　　六、辣味鸭脖子 ………………………………………… 184

第六章　果蔬蜜饯休闲食品　186

第一节　果品蜜饯食品 …………………………………… 186

一、蜜饯樱桃 …… 186
二、干蜜樱桃 …… 187
三、蜜饯山楂 …… 187
四、蜜饯海棠 …… 188
五、金橘蜜饯 …… 188
第二节 果脯食品 …… 189
一、桃脯 …… 189
二、樱桃脯 …… 190
三、山楂脯 …… 191
四、苹果脯 …… 192
五、海棠脯 …… 193
六、沙果脯 …… 194
七、葡萄果脯 …… 195
八、柿脯 …… 197
九、麻辣桃片 …… 197
第三节 蔬菜休闲食品 …… 198
一、糖蜜萝卜丝 …… 198
二、糖蜜菊芋 …… 199
三、子姜蜜饯 …… 200
四、蜜饯藕片 …… 201
五、莴笋蜜饯 …… 202
六、蜜番茄 …… 203
七、茄子蜜饯 …… 204
八、川瓜糖 …… 205
九、蜜饯南瓜 …… 206

第七章 水产休闲食品 208

第一节 水产肉干食品 …… 208
一、多味小鲫鱼干 …… 208
二、安康鱼干鱼片 …… 209
三、麻辣白鲢鱼 …… 209

第二节　水产肉脯食品 …………………………………… 210

一、香辣鲨鱼脯 …………………………………………… 210

二、多味鱼肉脯 …………………………………………… 212

三、橡皮鱼脯 ……………………………………………… 213

四、美味鱼肉脯 …………………………………………… 214

五、五香鱼脯 ……………………………………………… 216

第三节　水产肉松食品 …………………………………… 217

一、鲤鱼松 ………………………………………………… 217

二、鲨鱼肉松 ……………………………………………… 218

三、牡蛎肉松 ……………………………………………… 219

参考文献　220

第一章 休闲食品调味

第一节 调味料概述

民以食为天，食以味为先，美食离不开美味。休闲食品的调味料主要作用在于赋予食品的良好风味。

一、味及调味料分类

1. 味的分类

味一般可分为基本味和复合味。基本味是一种单一的滋味，如咸味、甜味、酸味、苦味、辣味等；复合味是由两种或两种以上的基本味混合而成的味，如酸甜味、麻辣味、鱼香味等。将各类调味品进行有目的的配伍，就可产生千差万别的味，形成各种风味特色，这正是中国烹饪调味技术的精妙所在。基本味又分为四原味和五原味。所谓四原味是指甜味、酸味、苦味、咸味四种基本味觉；在四原味中加上鲜味，就可定义为五原味。味觉有四种原味的假设。最早发表味觉科学分类的德国人海宁认为，甜味、酸味、咸味、苦味是四种基本味觉，其他一切滋味都可由它们调和而成，这与三原色的原理是相似的，但是呈味原料的众多、口味的复杂多样，使得其与实际情况有一定出入，因为仅仅依靠四原味来调配其他味型，还远远满足不了口味的需求。因此我们还是侧重于能比较全面地介绍各种味。

（1）咸味　咸味是调味中的主味，大部分菜肴口味都以此为基础，然后再调和其他的味。咸味在烹饪中起着非常重要的作用，它不但可以突出原料本身的鲜美味道，而且有解腻、去腥、除异味的作用。此外，它还有增甜的作用。例如，糖醋类菜肴的酸甜口味，不仅是加糖和醋，也要放一些盐，如果不加盐而完全用糖和醋来调味，味道难以达到最好；做甜点时，如果放点盐，即解腻又好吃。呈咸味的调味品主要有盐、酱油、酱品等。

(2) 甜味　甜味在调味中的作用仅次于咸味，它可增加鲜味，调和口味。在我国南方一些地区，甜味是菜肴的主味之一。甜味能去腥解腻，使烈味变得柔和醇厚，还能缓和辣味的刺激感以及增加咸味的鲜醇感等。呈甜味的调味品有糖、蜂蜜、饴糖、果酱等。

(3) 酸味　酸味具有较强的去腥解腻的作用，并且是烹制禽畜内脏和各种水产品的常用品。它能促使含骨类原料中钙的溶出，产生可溶性的醋酸钙，增强人体对钙的吸收，使原料中骨质酥脆。同时，酸味调味料中的有机酸还可与料酒中的醇类发生酯化反应，生成具有芳香气味的酯类，增加菜肴的香气。呈酸味的调味品主要有醋、柠檬汁、番茄酱等。

(4) 苦味　苦味是一种比较特殊的味，一般是没有味觉价值的。单纯的苦味尤其较强烈的苦味通常是不受人们喜爱的，但是苦味在调味和生理上都有着重要作用。苦味能刺激味觉感受器官，提高或恢复各种味觉感受器官对味觉的敏感性，从而增进食欲。苦味如果调配得当，能起到丰富和改进食品风味的作用，如苦瓜、莲子、白果、啤酒、咖啡、茶等都有一定的苦味，但均被视为美味食品。在菜肴中使用一点略有苦味的调味料，可起到消除异味和清香爽口的作用。调味品的苦味主要来源于各种香辛调料，如苦杏仁、陈皮、槟榔、茶叶、砂仁、啤酒、白芷等。

(5) 鲜味　鲜味可增强菜肴的鲜美口味，使无味或味淡的原料增加滋味，同时还具有刺激人的食欲、抑制不良气味的作用。鲜味在菜肴中一般有两个来源，一是富含蛋白质的原料在加热过程中分解成低分子的含氮物质；二是加入的鲜味调味料，如味精、酱油等。呈鲜味的调味品主要有味精、鸡精、酱油、蚝油、鱼露以及各种汤汁等。

(6) 辣味　辣味具有较强的刺激气味和特殊的香气成分，对其他不良气味如腥、膻、臭等有抑制作用，并能刺激胃肠蠕动，增强食欲，帮助消化。呈辣味的调味品主要是辣椒、胡椒、芥末、姜、咖喱等。

(7) 嗅味（香气） 嗅味是指挥发性物质刺激鼻腔内的嗅觉神经所产生的嗅感。通常令人喜爱的挥发性物质被称为香气，反之被称为恶气。在烹调中主要利用的是香气。一般菜肴的香气来自两个方面，一是原料自身的香气，以及在受热后发生化学反应释放出的香气，如炖肉产生的肉香味、蔬菜或水果的清香等；二是由添加的具有香味的调料形成的香气，如常见的香辛调料。香辛调料又分为辣味性香料、芳香性香料和脱臭性香料等，辣味性香料主要有生姜、辣椒、芥末、胡椒、咖喱粉等；芳香性香料有花椒、茴香、料酒、丁香、肉桂等；脱臭性香料有大蒜、陈皮、香葱等。辣味香料可以掩盖或加强原料释放的气味，芳香性香料能进一步增加原料的香气，脱臭性香料能改变和掩盖原料的异味。

(8) 酸甜味 应用最普遍的酸甜味是糖醋汁，其配制大体可分为两大流派。

① 广东菜系采用一次大量配制备用的方法，用料为白糖、白醋、精盐、番茄汁、辣酱油等。

② 其他菜系的糖醋汁一般都采用现用现配的方法，用料为植物油、米醋、白糖、红酱油、淀粉、葱、姜、蒜末等。

京、川、沪、淮扬等地用醋略重，苏州、无锡等地用糖较重。常用的酸甜味调味品有番茄沙司、番茄酱、草莓酱、山楂酱等。

(9) 甜咸味 甜咸味在烹制时大都用酱油、盐、糖混合调制而成，一般适用于红烧等烹调方法，并有甜进口、咸收口，或咸进口、甜收口之分，即在咀嚼时先感到突出的甜味，后有咸鲜的回味；或开始时咸味明显，回味时有甜的感觉。常用的甜咸味调味品有甜面酱等。

(10) 鲜咸味 鲜咸味常用盐或酱油加鲜汤或味精调配而成。常用的鲜咸味调味品主要有鲜酱油、虾油、鱼露、虾酱、豆豉等。

(11) 辣咸味 在各类菜肴中辣的层次有所区别。常用的辣咸味调味品有泡辣椒、豆瓣辣酱、辣酱油等。

(12) 香辣味 在调配香辣味时，如果为了加强咖喱的香味，常可采用植物油、洋葱、姜末、蒜泥、香叶、胡椒粉、辣椒和面粉等混合配制，这样可使辣味层次感强，香气倍增。常用的香辣味调味品有咖喱、芥末等。

（13）香咸味　常用的香咸味调味品有椒盐、糟卤等。椒盐以花椒和盐炒制研碎而成，一般都大量配制后备用；糟卤多用香糟、料酒、糖、盐、糖桂花等配制而成。其他还有麻辣、鱼香、酸辣、怪味等。

2. 调味料分类

中国研制和食用调味料有悠久的历史，积累了丰富的知识，调味料品种繁多。其中有属于东方传统的调味料，也有引进及新兴的品种。对于调味料的分类目前尚无定论，从不同角度可以对调味料进行不同的分类。

（1）按成分

① 单一调味料　有食盐、醋、酱油、味精、芝麻油、酱、豆豉、腐乳、鱼露、蚝油、虾油、橄榄油、料酒、香辛料等。

② 复合调味料　主要有固态、液态、酱状三种类型。固态复合调味料包括鸡精调味料、鸡粉调味料、牛肉粉调味料、排骨调味料、海鲜调味料等；液态复合调味料包括鸡汁调味料、糟卤等；酱状复合调味料包括沙拉酱、蛋黄酱等。

（2）按类别

① 酿造类调味料　酿造类调味料是以含有较丰富的蛋白质和淀粉等成分的粮食为主要原料，经过处理后进行发酵而成的，即借有关微生物酶的作用产生一系列生物化学变化，将这些原料转变为各种复杂的有机物。此类调味料主要包括酱油、食醋、酱、豆豉、豆腐乳等。

② 腌菜类调味料　腌菜类调味料是将蔬菜加盐腌制，通过有关微生物及鲜菜细胞内酶的作用，将蔬菜体内的蛋白质及部分碳水化合物等转变成氨基酸、糖分、香气及色素，具有特殊风味。其中有的加淡盐水浸泡发酵而成湿态腌菜，有的经脱水、盐渍发酵而成半湿态腌菜。此类调味料主要包括榨菜、泡姜、泡辣椒等。

③ 鲜菜类调味料　鲜菜类调味料主要是新鲜植物。此类调味料主要包括葱、蒜、姜、辣椒、芫荽、辣根、香椿等。

④ 干货类调味料　干货类调味料大都是由根、茎、果干制而

成，含有特殊的辛香或辛辣等味道。此类调味料主要包括胡椒、花椒、干辣椒、八角茴香、小茴香、芥末、桂皮、姜片、姜粉、草果等。

⑤ 水产类调味料　水产中的部分动植物，干制或加工，蛋白质含量较高，具有特殊鲜味，是习惯用于调味的食品。此类调味料主要包括鱼露、虾酱、虾油、蚝油、蟹制品、淡菜、紫菜等。

⑥ 其他类调味料　不属于前面各类的调味料，主要包括食盐、味精、糖、黄酒、咖喱粉、五香粉、芝麻酱、花生酱、沙茶酱、番茄沙司、油酥酱、辣酱油、辣椒油、香糟、红糟、菌油等。

(3) 按成品形状　可分为酱类（沙茶酱、豉椒酱、酸梅酱等）、酱油类（生抽王、鲜虾油、豉油皇、草菇抽等）、汁水类（烧烤汁、卤水汁等）、味粉类（胡椒粉、沙姜粉、大蒜粉、鸡粉等）、固体类（砂糖、食盐、味精、豆豉等）。

(4) 按呈味感觉　按调味料的呈味感觉可分为咸味调味料（食盐、酱油、豆豉等）、甜味调味料（蔗糖、蜂蜜、饴糖等）、苦味调味料（陈皮、茶叶汁、苦杏仁等）、辣味调味料（辣椒、胡椒、芥末等）、酸味调味料（食醋、茄汁、山楂酱等）、鲜味调味料（味精、虾油、鱼露、蚝油等）、香味调味料（花椒、八角茴香、葱、蒜等）。除了以上单一味为主的调味料外，还有大量复合味的调味料，如油咖喱、甜面酱、花椒盐等。

(5) 按地方风味　有广式调味料、川式调味料、港式调味料等。

(6) 按烹制用途　有冷菜专用调味料、烧烤调味料、油炸调味料、清蒸调味料，还有一些特色品种调味料，如羊肉调味料、火锅调味料、糟货调味料等。

二、调味料发展过程

1. 调味料历史

按照我国调味品的历史，基本上可以分为以下四代。第一代，单味调味品，如酱油、食醋、酱、腐乳、辣椒、八角茴香等天然香辛料，其盛行时间最长，跨度数千年；第二代，高浓度及高效调味品，如 IMP（5′-肌苷酸钠）、GMP（5′-鸟核酸钠）、甜蜜素、阿斯巴甜等，还有酵母抽提物、HVP（水解植物蛋白液）、HAP（水解动物蛋白）、食用香精、香料等，此类高效调味品从 20 世纪 70 年代流行至今；第三代，复合调味品，现代化复合调味品起步较晚，进入 20 世纪 90 年代才开始迅速发展；第四代，纯天然调味品。目前在追求健康为主的环境下，纯天然调味品所占领的市场份额越来越大。

2. 国外复合调味料发展过程

国外从 20 世纪 50 年代就开始复合调味料研究开发，近年来又有了很大发展，且得到广泛应用。从发展历史看，日本开发早、发展快、技术先进、质量上乘、包装精美、卫生方便。20 世纪 60 年代初，日本首先推出在味精中添加核苷酸制成复合调味料"超鲜味精"，使鲜味提高数倍，且很快普及到家庭和食品加工业，标志着现代化生产复合调味料开始。随着国内外食品工业迅速发展，各种集多种调味料于一体多风味、营养、方便、卫生、精美、即食小包装复合调味料纷纷上市，深受消费者青睐。目前，全世界复合调味料品种多达上千种，已成为当今国际调味品主导产品。

3. 国内复合调味料发展过程

我国传统十三香、五香粉等复合香辛料及以豆酱、蚕豆酱为原料配制各种复合酱，如豆瓣辣酱、鸡肉辣酱、牛肉辣酱、海鲜酱、沙茶酱等在 20 世纪 30～70 年代就已实现工业化生产，只不过当时尚未采用"复合调味料"这个专用产品名称。我国正式使用"复合调味料"名称是从 20 世纪 80 年代初开始，1982～1983 年，天津市调味品研究所开发专供烹调中式菜肴"八菜一汤"复合调味料。随后，上海、北京、湖北、四川、广东等地相继开发多种烹调专用复合调味料，如蚝油牛肉调料、茄汁鱼片调料、糖醋里脊调料、米粉肉（粉蒸肉）调料、盐焗鸡调料、涮羊肉调料及蒜蓉辣酱、金钩豆瓣辣酱、麻辣酱等花色调味酱。各种品牌鸡精、牛肉精也开始大量上市。

21 世纪，在复合调味品生产工艺上，除采用传统调味料，配以各类鲜味料制成复合型调味料外，更重要的是采用现代生物技术，如水解动植物蛋白、发酵技术、纯化技术，乃至超临界萃取技术，将理想风味物质萃取出来，配制成为高档复合型调味品。有些产品中还配以天然调味物质，增加风味醇厚感。我国大城市及发达地区消费者对天然复合调味料需求较大，未来天然复合调味料将会有更大市场发展空间。

第二节　调味理论

一、调味原理

复合调味的原理，就是以咸味料和鲜味料为中心，以风味原料为基本原料，以甜味料、香辛料、调味料、填充料等为辅料，配以适当的调香、调色制成。调味是将各种呈味物质在一定条件下进行组合，产生新味。也就是把各种调味原料依照其不同的性能和作用进行配比，通过加工工艺复合到一起，达到所要求的口味。复合调味品味感的构成，包括口感、观感和嗅感，是调味品各要素化学、物理反应的结果，是人们生理和心理的综合反应。

1. 单一味与复合味

单一味可数，复合味无穷。由两种或两种以上不同味觉的呈味物质通过一定的调和方法混合后所呈现出的味，称之为复合味。丰富多样的各种菜肴所呈现出来的味绝大多数都属于复合味。各种单一味道的物质在烹调过程中以不同的比例、不同的加入次序、不同的烹调方法，就能够产生出众多的复合味。不同的单一味相互混合在一起，这些味与味之间就可以相互发生影响，其中每一种味的强度都会在一定程度上发生相应的改变。例如，在咸味中加入微量的食醋，就可以起到使咸味增强的作用；又如在酸味中加入具有甜味的食糖，则可以产生酸味强度变弱，酸味柔和的效果。

若把只用味精与食盐和水调成的鲜汤与一碗醇厚的鸡汤相比，鸡汤的鲜味要大大强于用味精做成的鲜汤。品尝后也明显地感觉到用味精做成的汤鲜味单一、欠柔和，没有那种给人以舒适、愉悦的回味感觉。鸡汤给人的鲜味感觉则有着明显不同，它的鲜味显得十分醇厚，入口后其鲜味所产生的后味绵长，在味觉上具有使人高度满足的感觉。这是因为在味精中能够呈现鲜味的主要成分是谷氨酸钠，它只是我们目前发现并已知的多种呈鲜成分中的一种，成分单一。从味觉生理的角度来说，人的味觉十分复杂，味道单一的鲜味是无法使人的味感达到尽善尽美之程度的。再来看看鲜味物质（如肌苷酸钠、呈鲜味的氨基酸和短肽等），这些鲜味物质之间又可以发生一种称作鲜味的相乘作用（指把两种或两种以上的鲜味物质混合在一起时，出现使鲜味增加的现象）。这些众多呈鲜成分的存在和相互作用、相互配合，从而使得鸡汤的鲜美味变得格外醇厚浓郁。此外，还需特别注意的是在鸡汤中还含有一些用味精做成的鲜汤中所没有的动物性脂类、无机盐和其他一些辅助呈鲜成分，这些呈鲜辅助成分有的虽然含量甚微，但在呈现鸡汤的鲜味感上却起到了很好的味感辅助作用和诱导作用。

　　2. 复合型调味料的形成

　　我国菜肴的品种琳琅满目，口味丰富多样，在不同的地域有着不同的差异，并且变化范围很广。南方地区在调味风格上讲究清淡不腻，以突出原料的鲜活之本味，且注重在加热中调味，加热后一般不再调味；而在北方地区因缺少鲜菜及鲜活水产，在火锅上使用的多为冷冻品、干货等，因而重在涮后的调味，以改进原料鲜味之不足。针对不同的菜系、不同的风味、不同的烹调工艺、不同的顾客需要，当今的复合型调料的分类更趋细致，如酱类有捞面酱、海鲜酱、叉烧酱、担担面酱、甜面酱等十余种；酱油则分别有供凉拌、蘸海鲜、烧菜等不同用途的专门品种，并推出针对广东人的海鲜酱油、针对四川人的麻辣酱油等新品种，令烹调更简易，一改众口难调的旧格局。

　　烹调中常见的复合味有酸甜味、甜咸味、麻辣味、酸辣味、香辣味、咸辣味、糟香味、鲜香味、怪味等。这些复合味的产生，有些是在调味品厂预先加工好的，而绝大多数菜肴所产生的复合味主要是在烹调过程中产生的。厨师在菜肴原料下锅后，选择适当的时机和火候，按照菜肴口味的需要依次加入。

　　那么具有不同味道的复合型调味品是根据什么原则制成的呢？

首先要搞清各种菜肴味道的成分，然后对搜集来的各种所需调味原料进行加工、配比、组合，最终确定一种综合效果最佳的配方。如鸡香型调味品，要仿制出鸡肉的鲜美味道，就要先搞清鸡肉的呈味成分。经分析，鸡肉的风味是由胱氨酸、亮氨酸、丝氨酸、肌苷酸、鸟苷酸、葡萄糖等多种成分组成的。经过人工制取上述各种成分，然后加以配制处理，即可得到粉末状或颗粒状具有鸡肉香型的调味料了。在此基础上还可以形成烤鸡风味或烧鸡风味等不同的复合型调味料。

3. 各种味的相互作用关系

（1）味的相乘作用　同时使用同一类的两种以上呈味物质，比单独使用一种呈味物质的味大大增强。味的相乘作用应用于复合调味品中，可以减少调味基料的使用量，降低生产成本，并取得良好的调味效果。

（2）味的对比作用　一种呈味成分具有较强的味道，如果在加入少量的又一种味道的呈味成分后，使原来的味道变得更强，这就是味的对比作用。甜味与咸味、鲜味与咸味等，均有很强的对比作用。

（3）味的相抵作用　味的相抵作用是加入一种呈味成分，能减轻原来呈味成分的味觉。如苦味与甜味、酸味与甜味、咸味与鲜味、咸味与酸味等，具有明显的相抵作用，可以将具有相抵作用的呈味成分作为遮蔽剂，掩盖原有的味道。在1%～2%的食盐溶液中，添加7～10倍的蔗糖，咸味大致被抵消。

4. 复合调味品配兑

选择合适的不同风味的原料和确定最佳用量，是决定复合调味品风味好坏的关键。在设计配方时，首先要进行资料收集，包括各种配方和各种原料的性质、价格、来源等情况。然后根据所设定的产品概念，运用调味理论知识的资料收集成果，进行复合调配。具体的配兑工作，大致包括以下几个方面。

（1）掌握原料的性质与产品风味的关系，加工方法对原料成分和风味的影响。

（2）考虑各种味道之间的关系如相乘、对比、相抵等。

（3）在设计配方时，应考虑既有独特风味，又要讲究复合味，色、香、味要协调，原料成本符合要求。

(4) 确定原料的比例时，宜先决定食盐的量，再决定鲜味剂的量。其他成分的配比，则依据资料和个人的经验。

(5) 有时产品风味不能立即体现出来，应间隔 10～15 日再次品尝，若感觉风味已成熟，则确定为产品的最终风味。

(6) 反复进行产品的试制和品尝，保存性试验，直至出现满意的调味效果，定型后方可批量生产。

5. 调味料生产技术

(1) 热反应技术　通过氨基酸、多肽与糖类进行美拉德反应，可生成吡嗪、噻吩、呋喃和吡咯等各类香气成分。由于糖和氨基酸种类不同，以及加热温度、反应时间、pH 值、反应系统中水分含量和是否存在油脂等反应条件差异，结果产生香气成分也各不相同，应用美拉德反应制取香气成分（香精）技术在反应型调味香精、肉膏、呈味料生产中均有应用。特点是产品香气浓郁、圆润、逼真，且耐高温，可作为主体风味料。

(2) 生物技术　生物酶把大分子肉类蛋白质在一定程度上酶解为小分子肽类和氨基酸。用酶解技术获得水解植物蛋白（HVP）、水解动物蛋白（HAP），其中含有大量游离氨基酸，可用于调味料增香、提高鲜度、增加风味物质浓度。因其原料来源广泛，如大豆蛋白、小麦面筋和玉米蛋白、肉类加工副产品，因此有很好的经济性。随着生物技术发展，将有更多专一性蛋白酶类、更先进酶技术被应用于蛋白质水解，从而可产出更多高质量蛋白水解物，进而生产肉味更逼真、强度更高的天然肉味香精。

(3) 超临界二氧化碳萃取技术　利用处超临界状态下具有介于液体和气体间物化性质的二氧化碳等介质，对所需萃取物质组织有较佳渗透性，从中萃取某些易溶解所需成分，如萃取香辛料、色素及其他有效成分。这种低温高效萃取方法使香料纯度高、香味保存佳、添加量小、对风味影响大。

(4) 微胶囊技术　微胶囊技术现已逐渐在复合型调味料生产中得到应用。微胶囊包埋技术特点如下。

① 减少外界不良因素（如光、氧、水等）对芯材影响，保持

芯材稳定性。

② 减少芯材向环境扩散和蒸发，使香精中风味成分，特别是一些小分子酯类得到最大程度保留或掩蔽，使香气保存完整、持久。

③ 能控制芯材香料释放速度，从而提高芯材使用效率。

④ 将芯材由液态转变为颗粒状粉末，便于加工和处理。因此，如方便面粉包中使用微胶囊香精，可在较大程度上解决调味粉流动性、香气持久问题，并可方便加工过程。

二、调味手段

调味就是调和滋味，是运用各种调味品和调味手段，影响原料使食物具有多样口味和风味特色的一种方法。调味在烹调技艺中处于关键的地位，是决定食物风味质量最主要的因素。烹调原料加热后会产生一定的滋味和气味，这些滋味和气味一般不明显，有的需要加入其他呈味物质才能体现出来，有的却在加入其他呈味物质时被掩盖或转化了。原料自身味道的这种可塑性正好为调味时丰富食物的味道提供了契机。

根据食物味道的要求，针对原料中呈味物质的特点，选择合适的调味品，并按一定比例将这些调味品组合起来对食物进行调味，使食物的口味得以形成和确定。这种将调味品中的呈味物质有机地组合起来，去影响原料中的呈味物质的方式便是调味的手段。

基本的调味手段有味的对比、味的相乘、味的掩盖、味的转化四种。

1. 味的对比

味的对比又称味的突出，是将两种以上不同味道的呈味物质，按悬殊比例混合使用，导致量大的那种呈味物质味道突出的调味方式。如用少量的盐将汤中的鲜味对比出来，用少量的盐提高糖水的甜度，用盐水煮蟹突出其鲜味等，都是利用味的对比这种方式来突出某一味道。

2. 味的相乘

味的相乘又称味的相加，是将两种以上同一味道的呈味物质混合使用，导致这种味道进一步加强的调味方式。在烹调调味中，味的相乘方式通常在两种情况下使用。一是当需要提高原料中某一主味时，如在有汤汁的动物性菜肴中加入味精，可使食物的鲜味成倍增长。因为动物性原料制作的食物，在汤汁中含有丰富的呈味物质，这些物质与味精融合使食物的鲜味得到加强。二是当需要为原料补味时使用，如海参、鱼肚、鲜笋等原料本身鲜味很弱，甚至没什么味道，调味时要将鲜汤和味精以适度的比例进行相乘方式来补味，以提高调味效果。

3. 味的掩盖

味的掩盖又称味的消杀，是将两种以上味道明显不同的呈味物质混合使用，导致各种呈味物质的味均减弱的调味方式。

原料中的呈味物质、调味品中的呈味物质融合后，当其味道明显不同时会产生明显的互相掩盖效果。在烹调中，牛肉、羊肉、水产品、脏腑、萝卜等原料，往往有较重的涩味和腥膻臭味，通过加热只能除去其中的一部分，更有效的办法是通过调味来消除，即在加热的同时选择适当的调味方式来去除原料中的上述异味。采用调味的方法去除异味有两种办法。一是利用某些调味品中挥发性呈味物质掩盖，如生姜中的姜酮、姜酚、姜醇，肉桂中的桂皮醛，葱蒜中的二硫化物，料酒中的乙醇，食醋中的乙酸等，当这些调味品与原料共热时，其挥发性物质的挥发性得到加强，从而冲淡和掩盖了原料中的异味；二是利用某些调味品中的化学元素消杀，如鱼体中的氧化三甲胺，本来是鱼类呈鲜的主要物质，但当鱼死后，这种物质在酶和细菌的作用下，逐渐还原为有较强腥臭味的三甲胺，对菜肴味道影响很大。经过分析，三甲胺有两处性质在调味时可以利用。第一，它属碱性，可以通过加醋来中和；第二，它溶于乙醇，可以通过加料酒来溶解。因此，烹鱼时加料酒和醋不仅能产生酯化反应形成香气，而且还会消杀鱼中的腥味。

在调味中，味的掩盖方式可以比较有效地消除原料中以及调味品中不为人们所喜欢的味道。但这种方式同时也可能把其他呈味物质的味掩盖一部分而产生副作用，需要随机应变。

4. 味的转化

味的转化又称味的变调，是将多种味道不同的呈味物质混合使用，导致各种呈味物质的本味均发生转变的调味方式。

味的转化由两方面原因造成。一方面，原料及调味品中的呈味物质混合后产生复杂的化学变化，使原来呈味物质的味改变，如四川的怪味，是将甜味、咸味、香味、酸味、辣味、鲜味类调味品按相同的比例融合，最后导致似甜非甜、似香非香、似酸非酸、似辣非辣、似鲜非鲜、似咸非咸，这种似是而非的味便是通过味的转化方式调制的。另一方面，是生理上对味的感觉出现暂留印象，如喝完糖水之后再喝清水，会感觉清水也有甜味；吃完辣菜之后再吃其他菜，会感觉这些菜肴都有了辣味。

以上四种调味手段各具特色，运用得当则"百菜百味"，运用得不好则"百菜一味"。当使用某一方式进行调味时，要考虑到会不会产生其他方式的副作用，如产生怎样克服。调味技法的高低，实际上就是综合运用调味手段水平的高低。

三、调味方法

1. 调味方法分类

烹调食物除运用上述几种调味手段外，按原料上味方式的不同，分腌渍调味、分散调味、热渗调味、裹浇调味、粘撒调味、跟碟调味等几种调味方法。

（1）腌渍调味　将调料与菜肴主配料拌和均匀，或将菜肴主配料浸泡在溶有调料的水中，经过一定时间使其入味的调味方法。

（2）分散调味　将调料溶解并分散于汤汁中的调味方法，主要用于水烹菜肴。

（3）热渗调味　在热力作用下，使调料中的呈味物质渗入原料内部的调味方法。此法常与分散调味和腌渍调味配合使用。热渗调味需要一定的加热时间做保证，加热时间越长，原料入味越充分。

（4）裹浇调味　将液体状态的调料黏附于原料表面，使其带味的调味方法。

（5）粘撒调味　将固体调料黏附于原料表面，使其带味的调味方法。通常是将热成熟的原料，置于颗粒或粉状调料中，使其粘裹均匀，也可以将颗粒或粉状调料投入锅中，经翻动将原料裹匀，还可以将原料装盘后再撒上颗粒或粉状调料。

（6）跟碟调味　将调料盛入小碟或小碗中，随菜一起上席，由用餐者蘸食的调味方法。此法多用于烤、炸、蒸、涮等技法制成的菜肴。跟碟上席可以一菜多味，由用餐者根据喜好自选蘸食。

2．调味时机

有了调味料，掌握了一定的调味方法和手段，还不能直接进行调味。在烹调中，由于调味是结合加热进行的，受加热方式限制，调味有三个时机，即加热前、加热中、加热后。

（1）加热前调味　也称基本调味，指原料在加热前用调味料调拌或浸渍，利用渗透作用使原料内外有一个基本味道。适用于加热时难于调味的烹调方法，也适用于形态较大的动物性原料。

基本调味要注意，第一，基本调味需要时间（由于调味是利用调味品的渗透将呈味物质带入原料内部的，而渗透是需要较长时间的）；第二，基本调味要留余地。

由于基本调味是菜肴制作的初步调味，后面还可以有正式调味或辅助调味，因此，各种调味品在量上要适度。

（2）加热中调味　也称正式调味，是指原料在加热过程中，选择适当的调味品，按照一定的顺序加入锅中为原料调味。适用于炒、烧、卤等烹调方法。

这个阶段调味要注意，第一，调味品投入的时机要科学。在正式加热时进行调味，调味品在加入顺序上存在一个时间先后的问题，如葱、蒜、醋、料酒等含有挥发性物质的调料，如果是为了去除原料中的异味，可早点加入与原料共热，如果是为了增加香味则应晚点加入，以免过度加热使香气挥发殆尽；第二，菜肴口味要基本确定。正式调味是基本调味的继续，除个别烹调方法外，这阶段菜肴的口味要确定下来，这是调味时机中至关重要的阶段，也是决定性的调味。

（3）加热后调味　又称辅助调味，是指原料加热结束后，根据前期调味的需要进行的补充调味。适合于蒸、炸、烤等正式加热时无法调味的菜肴。

辅助调味不仅补充了菜肴的味道，还能使菜肴口味富于变化，形成各具特色的风味。有些菜肴在加热前和加热中都无法进行调味，只能靠加热后来调味，如涮菜和某些凉菜，这时辅助调味就上升为主导地位。

四、调配方法

1. 酸辣味调配

酸辣味是由酸味、辣味、咸味和鲜味组成的，该种风味的特点就是酸辣可口，咸鲜浓郁，也叫咸鲜酸辣味。常常是由食盐、花椒粉、醋、酱油、芝麻油、黄酒、葱、姜、猪油等调配混合而成的。其中食盐起到咸味作用；酱油起到添加咸味、提取鲜味，增加颜色的作用；醋起到去除异味、解除异味的作用；胡椒粉起到鲜辣味的作用；黄酒起到去除异味、解腻、增香的作用；姜和葱起到增加香味、除去异味的作用，并辅助胡椒粉提高鲜辣味的作用；味精起到鲜味的作用，对醋的酸味有压制作用；芝麻油和猪油有提高香味的作用。

在调制咸与酸的关系时，要以咸味为基础，酸味起辅助作用，这样才好吃。在调制酸与辣的关系时，要以酸味为主体，辣味起辅助作用，才能调制出正宗的酸辣味。

2. 芥末味调配

芥末味调配是由芥末味、咸味、鲜味、酸味和辣味调味料构成的。风味特点是咸酸鲜香，芥末冲辣，清爽解腻，多用于冷菜。以食盐、醋、白酱油、芥末糊、味精、芝麻油调配而成。

配合原理是以食盐定味，白酱油辅助盐定味、提鲜，用量以组成菜肴的咸度适宜为准；在此基础上，醋提味、除异味、解腻，用量以菜肴食用时酸味适宜为度；调配时重用芥末糊，以冲味突出为好；味精提鲜，是连接酸味与冲味的桥梁，使它们互相融合，但味精有降酸味的副作用，因此用量以成菜后食者有感觉为限；芝麻油增香，用量以不压冲味为宜。调制过程中，将食盐、白酱油、醋、味精和匀，再加芥末糊，调均匀后，再淋入芝麻油。由于此味较清淡，用作春夏两季的下酒菜肴的佐味最好。但此味一般宜配本味鲜美的原料，同时与其他复合味组合均较适宜。应用范围是以鸡肉、鱼肚、猪肚、鸭掌、粉丝、白菜等为原料的菜肴,如芥末肚丝、芥末鱼肚、芥末鸭掌、芥末鸡丝、芥末粉丝等。

3. 三鲜味调配

三鲜味就是在菜里加入胡椒、味精和盐的味道,也是一种复杂的综合味感,通常是对其他基础味的辅助,在肉味类风味的调配上有重要作用,但从未作为主导味。

当鲜味剂的用量达到阀值时,会使食品鲜味增加,但用量少于阀值时,仅是增强风味,因此欧美将鲜味剂作为风味增强剂。最常见的鲜味剂有谷氨酸钠、肌苷酸、鸟苷酸、琥珀酸钠等。谷氨酸钠与呈味核苷酸之间有很强的协同作用,因此常用味精和I＋G(由肌苷酸和鸟苷酸等比例混合而成)搭配作用。琥珀酸钠与味精及呈味核苷酸之间没有明显的协同作用。在一般的调味包装中,味精的添加量为3％～16％,也可以按照食盐量为基础确定味精的使用量,一般最低使用量为食盐量的10％;I＋G和琥珀酸钠使用量一般为0.2％～2％。其中常见的鲜味剂谷氨酸钠可以使咸味缓和,并与之协同作用,可以缓和酸味,减弱苦味。

4. 红烧味调配

红烧成品多为深红、浅红或枣红色,它的色泽红润,味道鲜咸微甜,酥烂适口,汁黄浓香,红而发亮,味浓汁厚。红烧是将原料用油炸过,再加调配料和汤汁,先用急火,后用慢火使味深入并收浓汤汁,再以淀粉勾芡,呈浓汁油芡,成菜咸鲜醇厚,略带甜味。因调味料用酱油、糖色使红烧成菜色泽呈现棕红、酱红、枣红而得名。

在模拟红烧味的调配技术中,以单体香原料为基础来调配红烧味,其中以酱香、焦甜香、辛香为主,肉香、油腻气为辅助调配红烧味。

5. 麻辣味调配

麻辣风味特色的配方主要成分是咸味剂、甜味剂、鲜味剂、香辛料、香味剂、品质改良剂、咸味香精香料、肉类抽提物,对其进行科学复配,可强化肉味,使其留香留味持久、回味绵长。

常用的就是用红油(辣椒油,用辣椒粉和色拉油熬制的)、麻油（青花椒和色拉油熬制）。一般麻辣味的调制用红油、麻油、盐、味精、少许鸡精、少许糖水、少许生抽调和就可以了。以肉味主体为中心的麻辣休闲食品，其特色是源于肉味主体的特征及其主要风味，市场上畅销的红烧肉味泡椒牛板筋、菜籽油花香和肉味复合的臭干子风味、牛排风味的小面筋风味都是以肉味主体为特色风味的。通过清香花椒提取物和肉香复合的特色麻辣休闲食品、以肉香特色复合烤牛肉的香味也成为畅销的麻辣休闲食品。以肉味为调味核心是麻辣新风味及麻辣休闲食品调味的理论基础之关键，有的麻辣调味将麻辣味作为调味的核心，使得麻辣味的增减成为麻辣味改变的主要因素。

6. 烧烤味调配

烧烤作为烹调的技法之一，根据其制作特点，一般采用腌渍、粘撒和跟碟这三种调味方法。腌渍调味在烧烤前进行，所用调料称腌渍料；跟碟调味在烤熟后进行，所用调料一般称之为蘸料；粘撒调味一般是在烧烤食物即将成熟时进行，所用调料称为撒料。在使用这三种调味方法的时候，根据原料本身的不同性质及所要达到的食物风味要求，可以灵活搭配或单独应用。

在处理调味品与主配料关系时，首先应以原料鲜美本味为中心，无味者，使其有味；有味者，使其更美；味淡者使其浓厚；味浓者使其淡薄；味美者使其突出；味异者使其消除。再根据原有材料的香味强度，并考虑加工过程产生香味的因素，在成本范围内确定出相应的使用量。其次是确定香辛料组分的香味平衡。香辛料在食物中具有提香、赋香、抑制腥膻异味、矫正不良气味和赋予味觉、辣味等机能。一般来说，主体香味越淡，需加的香辛料越少，并依据其香味强度、浓淡程度对主体香味进行修饰。如要配制肉类烧烤的调味料，它的风味特点是要祛除肉的腥味，保持肉本身的鲜香和美味，再配以姜、蒜、辣等香辛味，同时增加味的厚度。在此基础上，尽可能地拓展味的宽度，如适度增加甜感或特殊风味等，根据使用对象即肉的种类选择不同的美拉德产物，将美味进一步升华。还要根据是烤前用还是烤后用在原料上做出调整，如在烤前用，则不必在味道的整体配合及其宽度上下工夫，只着重于加味及消除肉腥即可；如果是烤后用，则必须顾及味的整体效果。它的调味调香方法就是在盐、糖、味精等基础调味料组合的平台上，通过酵母精或水解蛋白、香辛料、肉类热反应香精之间的互相配合，既去除肉类腥膻，又产生出逼真的肉香醇厚丰满的味感，再辅以好的头香，实现烧烤食物"色、香、味"三位一体的完美结合，构成产品独特的感官风味。

7. 香气调配

食品调香首先要突出企业食品的调香主体风格和特色，其次体现调香的个性化、多样化设计。要做到头香天然圆润，体香浓郁饱满，基香留香时间长，整体协调统一。体现耐高低温和超低温的热稳定性，加工适应性强。

（1）根据企业食品总体策划和总体设计要求，正确选择一种风格突出、体香饱满、基香留香时间长的反应型调理香精作为调香基础，确定调香平台。这个平台一般占使用香精总量的70%～80%。

（2）在确定调香平台基础上选择风格多样的低沸点香基作为头香。

① 有条件和具有丰富调香经验和技术的企业，可选用天然或合成的低沸点的单离或合成香基，配合调香平台协调使用，调出风格多样的头香。

② 也可以选择市场上价廉的合成或拌合型肉香精与调香平台配合使用，用量一般占使用香精总量的20%～30%。这样在主体香型风格不变情况下又体现了调香风格多样化、个性化。

8. 味道调配

目前市售许多厂家生产的食品调味单调、平直，突出的问题是肉源风味（野味）、盐的风味、味的落差、调味风格与多样化等都没有很好体现出来。几乎都是一种味，只是鲜点、咸淡点。这种状况除了调味技术薄弱外，主要原因在于企业只使用味精、核苷酸、琥珀酸钠等单纯鲜味剂调味。由于这些鲜味剂的调味功能作用在口腔前半截，鲜味来得快，去得也快，后半截鲜味、回味等调不出来。没有很好地继承和发挥我国肉制品生产的关键技术和工艺，也就是说没有找到中西式食品的结合点。

怎样生产出美味的休闲食品，这是企业赢得市场和提高市场竞争力的关键。因此深入研究和掌握调味的各种辅料、调味技术是至关重要的。

五、调香技术

所谓调香技术就是将芳香物质相互搭配在一起，由于各呈香成分的挥发性不同而呈阶段性挥发，香气类型不断变换，有次序地刺激嗅觉神经，使其处于兴奋状态，避免产生嗅觉疲劳，让人们长久地感受到香气美妙之所在。

1. 调香作用

（1）辅助作用　某些原来具有较好香气的制品，由于香气浓度不足，要通过选用香气与之相对应的香精和香料来衬托。

（2）赋香作用　某些产品本身并无香气，通过加香赋予其特定的香型。

（3）补充作用　补充因加工原因而损失大部分香气的产品，使其达到应有的香气程度。

（4）稳定作用　天然产品的香气因地理、环境、条件、气候等因素的影响，香气难以达到一致，加香之后可以对天然产品的香气起到基本统一和稳定的作用。

（5）替代作用　由于各方面原因，某些天然物品不能直接使用，可用香精、香料代替部分或全部天然物品。

（6）矫味作用　某些产品在生产过程中，生成令人不愉快的气味时，可通过加香来掩盖。食品的香气是构成食品风味特征的关键，是必不可少的。食品的香气成分一部分来自于自身生命活动合成，另一部分则是在加工或者储存中由控制或自发的酶促反应产生的，还有则是来自于添加的食用香料。其中添加香料是食品加工制造中重要的技术，也是保证食品质量的重要手段。食品的调香不仅要有效、适当地运用食用香精的添加技术，更要掌握食品加工制造和烹调生香的技术。

2. 调香要点

（1）要明确使用香料的目的　使用香料的目的是再现和强化食

品的香气、协调风味，突出食品的特性、特征，这样才能为选择香料奠定基础。

（2）香料的用量要适当　香料是通过口腔、鼻腔等多个器官接受刺激产生嗅感，所以人们对食用香料的感觉比较敏感，因此，食用香精的用量要适当，否则会恶化食品的风味。

（3）食品的香气和味感要协调一致　有香气无味感是空洞，有味感而少香气是浅薄。味在食品中是香气发挥作用的基础，香气是风味的增效剂和显效剂。在使用中要注意香辛料对食品风味可能产生的不利影响，注意香与味的和谐，不过分突出某一味，使用香料产生的香气必须与食品味感协调一致。

（4）要注意香料对食品色泽产生的影响　食品有特征风味，也有特征色泽，一般香辛料产品多带有相当量的色素成分，不要因食用香料的不当使用对食品的色、香、味的统一和完整产生破坏，不要因视觉错误引起质的错觉，导致使用效果的降低等。

（5）使用香料的香气不能过于新异　人们对食品风味的要求有求新求变的一面，但是对没有体验过的新异气味有本能的警惕，在使用时要注意香料香气特征变换与现实基础和认同的协调，在现实的香气特征基础上，做适度的、可接受的变换，为人们接受和喜爱。

3. 肉品调香

调香由赋香和提香两部分组成，赋香就是赋予产品一种风味，赋香是外因，提香是内因，调香应该内外结合。提香过程就是去腥作用、突出本香作用，即去除原料的腥臭等异味以及植物蛋白的本身不良的气味，发掘出肉类原料本身的香味。

（1）提香　通常来说，无论猪肉、鸡肉或牛肉在生的状态下都有腥的味道，肥膘或脂肪都有腻的味道。能起到很好增香作用的原料是香精和天然香辛料同时运用，在这一点上，许多厂家存在误区。比方，有些厂家只在产品中运用香精（赋香原料），而不运用香辛料，香精只有赋香而没有去除腥、腻、臭的功效；有些厂家只运用香辛料，虽去除腥，但提香成效很差。香辛料的种类许多，相关香辛料作用如下。

① 去腥臭作用原料　白芷、桂皮、良姜。

② 芳香味作用原料　肉桂、月桂、丁香、肉豆蔻、众香子。

③ 香甜味作用原料　香叶、月桂、桂皮、八角茴香。

④ 辛辣味作用原料　大蒜、葱、洋葱、鲜姜、辣椒、胡椒、花椒。

⑤ 甘香味作用原料　百里香、甘草、茴香、葛缕子、枯茗。

（2）赋香　赋香就是赋予产品一种风味。原料有天然香辛料、香料、骨髓精膏。一般肉制品的赋香分三步。

① 去腥臭　因为各种原料肉都有腥臭味，如果不能完全掩盖或去除腥臭味，就会直接影响产品的口味或出现腥臭味。

② 调头香　所谓的头香就是产品切开后所散发出来的香气味道，是否纯正诱人。

③ 调口香和留香　所谓口香是入口之后的风味和香气，所谓留香是产品咽下之后留下的余香。

4. 水产品调香

水产品的风味强度比禽畜弱，风味特点是清、鲜、淡。在细节上必须明确鱼类和贝类风味的差别以及产生这种差别的原因，这对水产品调味调香和专用调味料的配制都非常重要。鱼类的鲜味是由味精、肌苷酸共同作用的结果，贝类的鲜味特征不能没有琥珀酸及其盐的贡献。适当的氨基酸产生适当的风味。贝类的甜味是甘氨酸提供的。无机盐类对水产品风味的影响很大，而对禽畜肉则要小得多，食盐又是非常关键的成分。

水产品调香的基本方法也是使用香辛料、鱼肉味香精和其他香味料。鱼肉味香精的特点基本上与肉味香精相同，但相比之下其质量和品种远不如肉味香精。由于水产品风味特点是清、鲜、淡，因而热处理对风味的影响比肉制品明显，主要是蒸馏臭突出。可以使用香辛料等，运用调香技术，调整、掩蔽臭味。有效利用美拉德等生香反应生成香气成分，选择适宜的香辛料实现提香、抑臭、矫味、蔽异的目的。使用鱼肉味香精提高鱼肉香气和口感，用酵母浸膏、骨素等增加浓厚感，是调味、调香的基本思路。特别是在生产鱼肉香肠、鱼肉火腿等现代肉制品时，通过加入一些禽畜肉，以及为提高质感加入大豆蛋白等方法也会对水产品的风味产生强烈影响。在掌握香辛料、鱼肉味香精和其他调味料的特点和对原料的适用性的基础上，充分运用香辛料的调味、调香优势，才能取得理想的效果。水产品腐败臭的产生与挥发性酸有关，因此在水产品的调味时要谨慎使用酸味剂类原料。

5. 面点调香

香气是鉴定面点特色的重要感官指标之一，但面点制作中应以自然香气为主，体现面点的自然风格特色。当制品的香气不能表达或代表面点的时候，可适当加以补充，但补充强调以天然香料为主，因此，在面点制作中，首先应懂得如何形成面点的香气。

第三节　调　味　料

一、咸味剂

咸味是许多食品的基本味。咸味剂是以氯化钠为主要呈味物质的一类调味料的统称，又称咸味调味品。

1. 食盐

食盐素有"百味之王"的美称，其主要成分是氯化钠。

食盐具有调味、防腐保鲜、提高保水性和黏着性等重要作用。但高钠盐食品会导致高血压，新型食盐代用品有待深入研究与开发。

中国肉制品的食盐用量：腌腊制品 6%～10%，酱卤制品 3%～5%，灌肠制品 2.5%～3.5%，油炸及干制品 2%～3.5%，粉肚（香肚）制品 3%～4%。同时根据季节不同，夏季用盐量比春、秋、冬季要适量增加 0.5%～1.0%，以防肉制品变质，延长保存期。

2. 酱油

酱油是我国传统的调味料，优质酱油咸味醇厚，香味浓郁。

肉制品加工中选用的酿造酱油浓度不应低于 22°Bé（波美度是表示溶液浓度的一种方法。把波美比重计浸入所测溶液中，得到的度数就叫波美度），食盐含量不超过18%。

3. 豆豉

豆豉是一种用黄豆或黑豆泡透蒸（煮）熟，发酵制成的食品。

豆豉作为调味品，在肉制品加工中主要起提鲜味、增香味的作用。

二、鲜味剂

鲜味剂主要包括味精、I+G、HVP等。鲜味物质广泛存在于各种动植物原料之中，其呈鲜的主要成分是各种酰胺、氨基酸、有机酸盐、弱酸等的混合物。

（1）味精 味精学名谷氨酸钠，是食品烹调和肉制品加工中常用的鲜味剂。在肉品加工中，一般用量为0.02%~0.15%。除单独使用外，宜与肌苷酸钠等核酸类鲜味剂配成复合调味料，以提高效果。

（2）肌苷酸钠 肌苷酸钠又叫5′-肌苷酸钠。肌苷酸钠鲜味是谷氨酸钠的10~20倍，一起使用，效果更佳。在肉中加0.01%~0.02%的肌苷酸钠，与之对应就要加1/20左右的谷氨酸钠。使用时，由于遇酶容易分解，所以添加酶活力强的物质时，应充分考虑之后再使用。

（3）鸟苷酸钠、胞苷酸钠和尿苷酸钠 这三种物质与肌苷酸钠一样是核酸关联物质，鸟苷酸钠是将酵母的核糖核酸进行酶分解。胞苷酸钠和尿苷酸钠也是将酵母的核酸进行酶分解后制成的。其中鸟苷酸钠是蘑菇香味的，由于它的香味很强，所以使用量为谷氨酸钠的1%~5%就足够。

（4）鱼露 鱼露又称鱼酱油，它是以海产小鱼为原料，用盐或盐水腌渍，经长期自然发酵，取其汁液滤清后而制成的一种咸鲜味调料。

（5）蚝油 是用蚝（牡蛎）与盐水熬成的调味料，有"海底牛奶"之称。它可以用来提鲜，也可以凉拌、炒菜，我国及菲律宾等国家常用。

（6）虾油 是用鲜虾为原料，经发酵提取的汁液。虾油是我国沿海各地食用的一种味美价廉的调味品，是我国传统海产调味品之一。

(7) 蟹油　制作是先把蟹黄、蟹肉剔出，然后在锅里放入与蟹肉、蟹黄等量的素油（或熟猪脂），把姜块、葱结放入油中炸香后拣出，接着将蟹肉、蟹黄、精盐和少许黄酒放入油中，拌和均匀，用旺火熬制。随着锅内蟹肉中的水分排出，锅中出现水花且泡沫泛起，此时可改用中火熬制，待油面平静时，再移入旺火。如此反复几次，使蟹肉、蟹黄中的水分在高温下基本排出，当油面最后趋于平静后，蟹油就算制成。

(8) 蛏油　蛏油是生产蛏干的一种副产品。也叫蛏露、蛏酱、蛏汤，是加工蛏干的煮汁经浓缩提炼的调味品。成品率为 $4\%\sim5\%$。

三、甜味剂

甜味剂是以蔗糖等糖类为呈味物质的一类调味料的统称，又称甜味调味品。甜味调料肉制品加工中应用的甜味料主要是蔗糖、蜂蜜、饴糖、红糖、冰糖、葡萄糖以及淀粉水解糖浆等。糖在肉制品加工中赋予甜味并具有矫味、去异味、保色、增鲜等作用。

四、酸味剂

酸味剂有柠檬酸、醋酸、乳酸等。当各种酸的水溶液在同一规定浓度时，解离度大的酸味强。醋酸、柠檬酸、苹果酸、酒石酸等用作烹调和食品加工的有机酸，味感各不相同。柠檬酸、苹果酸、酒石酸分别是柑橘类、苹果和葡萄的特征酸，但酸感差异很大；醋酸是挥发性酸，刺激性强，有特征风味；琥珀酸有鲜味和辣味，是特殊的酸。

五、调味油

调味油是以天然食用辛香料和植物油为原料，经过特定的加工而成，具有强嗅感和味感的风味油脂。

1. 蒜味调味油

大蒜中的含硫化合物在其体内生物学因素或在体外物理、化学因素作用下，可转变成另一些含硫化合物，这些化合物也是构成大蒜特有辛辣气味的主要风味物质。大蒜中含硫化合物的基础结构是硫化丙烯，分别含一个、两个、三个硫原子，最主要的有硫化二丙烯、二硫化二丙烯、三硫化二丙烯等，这些硫化物具有挥发性。

2. 花椒调味油

花椒果实中的芳香油和麻味素，易溶于乙醚、丙酮和油脂等溶剂中，用加温的方法，使其芳香油和麻味素，迅速溶于食油中，便可得到香麻的花椒油。花椒调味油，保持了花椒原有的香、麻味，具有花椒本身的药理保健作用，食用方便、用途多样。

3. 复合调味油

复合调味油具有多种香辛料的风味和营养成分，集油脂和调味于一体，独到方便。风味原料选用数种香辛料，油脂采用纯正、无色、无味的大豆色拉油或菜籽色拉油，以油脂浸提的方法制成。

4. 姜调味油

生姜所含的姜醇、姜烯、莰烯、龙脑、柠檬醛等都具有挥发性和芳香味，姜调味油正是将这些成分溶到油中制成的。将姜块首先进行挑选，选取姜块硕厚、多肉无皱皮并剔除干瘪、霉烂、冻伤的老姜作为原料，在鼠笼式清洗脱皮机中清洗脱皮。沥干水分后进行破碎，将破碎成姜糊的原料，按 $1:4$ 的重量比例与色拉油混合，并搅拌加热到 $100℃$，将水分蒸发，然后继续加热到 $180℃$，保持 $5min$ 后进入分离工序，分离后冷却至室温即可装瓶。

5. 葱调味油

选取葱味较浓的葱作为原料，将老、黄叶去掉，然后洗净泥沙，送入破碎机中破碎成葱糊，按 $2:5$ 的重量比加入色拉油搅拌加热至 $100℃$ 去掉水分后，加热到 $130℃$ 保持 $40\sim60min$，然后分离、冷却、装瓶。

6. 胡椒调味油

用砂轮磨将胡椒磨成能通过 30 目筛网的细粉，然后按 $1:3$ 的重量比加入色拉油，搅拌加热 $1h$，便可分离、冷却、装瓶。

7. 香味油

将色拉油、八角茴香、葱、蒜、花椒按 $1:0.03:0.08:0.06:$

0.02 的重量比配料，先将色拉油加热至 125～160℃，然后放入八角茴香、葱、蒜等一并加热 60min 后，慢慢降温到 95～120℃，再加入花椒加热 15min，便可进行分离，分离后冷却至室温便可装瓶。

第四节 香 辛 料

一、天然香辛调味料

香辛料是某些植物的果实、花、皮、蕾、叶、茎、根，它们具有辛辣和芳香风味成分。其作用是赋予产品特有的风味，抑制或矫正不良气味，增进食欲，促进消化。常用的香辛料如下。

(1) 八角茴香　八角茴香是木兰科乔木植物的果实，多数为八瓣，故又称八角，也叫大茴香，北方称大料，南方称唛头。八角是酱卤肉制品必用的香料，有压腥去膻、增加肉的香味和防腐的作用。

(2) 小茴香　小茴香别名茴香、香丝菜，为伞形科小茴香属茴香的成熟果实。

小茴香是肉制品加工中常用的调香料，有增香调味、防腐除膻的作用。

(3) 花椒　花椒为芸香科植物花椒的果实。在肉品加工中，整粒多供腌制肉制品及酱卤汁用；粉末多用于调味和配制五香粉。使用量一般为 0.2%～0.3%。花椒不仅能赋予制品适宜的辛辣味，而且还有杀菌、抑菌等作用。

(4) 桂皮　桂皮系樟科植物肉桂的树皮及茎部表皮经干燥而成。桂皮用作肉类烹饪用调味料，亦是卤汁、五香粉的主要原料之一，能使制品具有良好的香辛味，而且还具有重要的药用价值。

(5) 草果　草果又称草果仁、草果子。味辛辣，具特异香气，微苦。草果为姜科多年生草本植物的果实，在肉制品加工中具有增香、调味作用。

(6) 月桂叶　又名桂叶、香桂叶、香叶、天竺桂。肉制品加工中常用作矫味剂、香料，用于原汁肉类罐头、卤汁、肉类、鱼类调味等。

（7）胡椒 胡椒是多年生藤本胡椒科植物的果实，有黑胡椒、白胡椒两种。在我国传统的香肠、酱卤、罐头及西式肉制品中广泛应用。

（8）葱 葱别名大葱、葱白，为百合科葱属植物的鳞、茎及叶。

在肉制品中添加葱，有增加香味、解除腥膻味、促进食欲、杀菌发汗的功能。广泛用于酱制、红烧类产品。

（9）蒜 蒜为百合科多年生宿根草本植物大蒜的鳞茎。因其有强烈的刺激气味和特殊的蒜辣味，以及较强的杀菌能力，故有压腥去膻、增加肉制品蒜香味及刺激胃液分泌、促进食欲和杀菌的功效。

（10）姜 姜属姜科多年生草本植物，主要利用地下膨大的根茎部。具有去腥调味、促进食欲、开胃驱寒和减腻与解毒的功效。在肉品加工中常用于酱卤、红烧罐头等的调香料。

（11）陈皮 陈皮为柑橘在 10～11 月份成熟时采收剥下果皮晒干所得。中国栽培的柑橘品种甚多，其果皮均可做调味香料用。陈皮在肉制品生产中用于酱卤制品，可增加复合香味。

（12）孜然 孜然又名藏茴香、安息茴香。果实干燥后加工成粉末可用于肉制品的解腥。

（13）甘草 甘草别名甜草根、红甘草、粉甘草，为豆科甘草属植物甘草的根状茎及根。甘草在肉制占中常用作甜味剂。

二、天然混合香辛料

混合香辛料是将数种香辛料混合起来，使之具有特殊的混合香气。它的代表性品种有咖喱粉、辣椒粉、五香粉。

（1）咖喱粉 主要由以香味为主的香味料、以辣味为主的辣味料和以色调为主的色香料三部分组成。一般混合比例是香味料 40%、辣味料 20%、色香料 30%、其他 10%。当然，具体做法并不局限于此，不断变换混合比例，可以制出各种独具风格的咖喱粉。通常是以姜黄、白胡椒、芫荽子、小茴香、桂皮、姜片、辣根、八角茴香、花椒、芹菜子等配制研磨成粉状，称为咖喱粉。颜色为黄色，味香辣。肉制品中的咖喱牛肉干、咖喱肉片、咖喱鸡等即以此做调味料。

（2）五香粉　五香粉是用八角茴香、花椒、肉桂、丁香、陈皮五种原料混合制成，有很好的香味。其配方因地区不同而有所不同。

（3）辣椒粉　主要成分是辣椒，另混有八角茴香、大蒜等，红色颗粒状，具有特殊的辛辣味和芳香味。七味辣椒粉是一种日本风味的独特混合香辛料，由 7 种香辛料混合而成。

三、香辛料提取物

随着人民生活水平的不断提高，香辛料的生产和加工技术得到进一步发展。现在的香辛料已经从过去的单纯用粉末，逐渐走向提取香辛料精油、油树脂，即利用化学手段对挥发性精油成分和不挥发性精油成分进行抽提后调制而成。这样可将植物组织和其他夹杂物完全除去，既卫生又方便使用。

香辛料提取物根据其性状可分为液体香辛料、乳化香辛料和固体香辛料。

四、调味肉类香精

调味肉类香精包括猪肉、牛肉、鸡肉、鹅肉、羊肉等各种肉味香精，系采用纯天然的肉类为原料，经过蛋白酶适当降解成小肽和氨基酸，加还原糖在适当的温度条件下发生美拉德反应，生成风味物质，经超临界萃取和微胶囊包埋或乳化调和等技术生产的粉状、水状、油状系列调味香精。如猪肉香精、牛肉香精等。可直接添加或混合到肉类原料中，使用方便，是目前肉类工业上常用的增香剂，尤其适用于高温肉制品和风味不足的西式低温肉制品。

1. 肉用香精分类

当前肉制品调香发展趋势是"回归天然"。因此，深刻了解各种肉用香精的特点、功用和基本调香技术，是搞好调香的基础和前提。

（1）**按市场现状分** 合成肉香精、拌合型肉香精、反应型调理肉香精。

（2）**按香精形态分** 水溶性香精、液体香精、油溶性香精、固体香精。

（3）**按常用肉香精风味分** 猪肉香精、鸡肉香精、牛肉香精、羊肉香精、海鲜香精。

（4）**按常用肉香精香型风格分** 炖肉风格肉香精、优雅烧烤风格香精、肉汤风格香精、纯天然肉香风格香精。

2. **肉用香精概念**

（1）**合成香精** 是采用天然原料或化工原料，通过化学合成的方法制取的香料化合物，经过调香师个性化设计，按主香、辅香、头香、定香的设计比例勾兑而成的香精。

（2）**反应型调理香精** 一般认为加热香气是氨基酸、多肽（特别是含硫多肽）与糖类进行的一系列氨基羰基反应（加热褐变反应或叫美拉德反应）及其二次反应生成物所形成的。应用以上原理所制造的香精一般称为反应调理香精。

（3）**拌和型香精** 是同时具有两种香精特点，但更多以合成香精调配为主勾兑而成的香精。

（4）**浓郁香气** 该香气有"直冲感"和"圆润感"。"直冲感"，即香气冲鼻感，来源于低沸点和挥发性香基强烈的嗅觉感。如合成香精和拌合型香精的头香。"圆润感"，即香气天然柔和感，来源于动物蛋白中氨基酸、多肽和糖类、脂肪，经美拉德反应生成的特殊肉源香气。合成香精头香有强烈"直冲感"，体香不饱满，基香（尾香）留香时间很短，热稳定性能差；拌合型香精头香稍比合成香精柔和，但头香也有"直冲感"，体香、基香不丰满，热稳定性能差，留香时间短；反应型调理香精头香有"圆润感"，体香、基香饱满，热稳定性能好，留香时间长。

3. **肉制品调香**

（1）**调香与原料肉关系** 采用的原料肉鲜度好，饲养周期长，风味足，肉香精使用量相应减少（0.15%～0.2%）；反之用量大（0.2%～0.3%）。

（2）调香与中西式肉制品工艺关系   中式肉制品加工工艺大多以炖、卤、烧、烤、熏以及通过盐腌和其他加工技术产生肉香气和风味，肉香精使用量相应减少（0.15%～0.2%）。西式肉制品大多是通过灌装，并带包装蒸煮，肉制品只是熟化过程，体现的是卫生、安全和原汁原味，缺乏风味与炖、烤肉香气，调香时肉香精用量相对大些（0.2%～0.3%）。

（3）调香与中西式肉制品关系   中式肉制品在加香时，可采用西式肉制品加工技术，进行注射（内加香），但炖、卤、烤、熏肉制品往往要在蛋白没有凝固（即 55～65℃）时进行喷香，这样肉蛋白才能咬住吸收香气，使留香时间长效。

（4）调香与肉制品成品率及各种辅料添加剂关系   肉制品出品率低，用的各种辅料和添加剂少，肉的香气和风味相应增加，肉香精的使用量相对用量少（0.15%～0.2%）；反之用量大（0.2%～0.3%）。

（5）调香与（风味化）酵母精关系   （风味化）酵母精含有非常丰富的天然氨基酸、核苷酸、肽类及各种维生素和微量元素，呈味非常浓郁，具有圆润、醇厚感和渗延感（回味感）。其既是最终产品，也是中间产品。加在肉制品中，与原料肉中的氨基酸、肽类等进行热反应，把肉源香气调出来，起到掩盖异味与增香作用。因此，在使用（风味化）酵母精的肉制品中，肉香精使用量相对少些（0.15%～0.2%）。

（6）调香与香辛料关系   没有加香辛料的肉制品就没有象征性的肉源香气。香辛料作用在肉中有两方面功能，即去除、掩盖肉源腥膻味；抚香、留香、增香，提高肉制品风味。因此，采用适当香辛料的肉制品其使用的肉香精量相对少些（0.15%～0.2%）。

（7）调香与脂肪关系   肉制品添加适量的脂肪（猪肥膘、鸡板脂）会增加脂香和口感（发甘发香），缓解因出品率高和辅料多所造成的口感差情况，调香时可酌情减少肉香精使用量。

（8）调香与季节性关系   冬春两季由于天气寒冷，人的食欲旺盛和口重，调香宜浓和重（0.2%～0.3%），夏秋两季天气酷热，人的食欲减退，喜欢清淡，肉制品（特别是旅游方便肉制品）调香宜清香，突出天然和圆润感。

（9）调香与不同饮食文化关系　肉制品市场定位在东北三省及黄河文化板块，调香宜浓和重；长江文化板块调香适中；珠江和港澳文化板块调香喜欢天然圆润和原汁原味。

（10）调香与宗教信仰关系　我国有 56 个民族，各民族有自己的宗教信仰和自己的饮食文化习俗，因此肉制品调香中，应分别选用各种肉香精。

第二章 五谷杂粮休闲食品

第一节 膨化技术

一、膨化方法分类

膨化技术作为一种新型食品生产技术，正逐步在食品工业中，特别是在休闲膨化小食品的生产中得到广泛应用。作为一种休闲食品，膨化食品深受消费者尤其是青少年的喜爱和欢迎。

1. 按膨化加工的工艺条件分类

(1) 油炸膨化　是利用油脂类物质作为热交换介质，使被炸食品中的淀粉糊化、蛋白质变性以及水分变成蒸汽从而使食品熟化并使其体积增大。油炸膨化的油温一般在 160～180℃，最高不超过 200℃。

(2) 热空气膨化　是利用空气作为热交换介质，使被加热的食品淀粉糊化、蛋白质变性以及水分变成蒸汽从而使食品熟化并使其体积增大。

(3) 微波膨化　是利用微波被食品原料中易极化的水分子吸收后发热的特性，使食品中淀粉糊化、蛋白质变性以及水分变成蒸汽，从而使食品熟化并使其体积增大。

(4) 低温真空油炸膨化　在负压条件下，食品在油中脱水干燥。若在真空度 2.67kPa、油温 100℃ 进行油炸，这时所产生的水蒸气温度为 60℃。若油炸时油温采用 80～120℃，则原料中水分可充分蒸发；水分蒸发时使体积显著膨胀。采用真空油炸所制得的产品有显著的膨化效果，而且油炸时间相对缩短。

(5) 挤压膨化　一般食品物料在压力作用下，定向地通过一个模板，连续成型地制成食品，被称为"挤压"。挤压食品有膨化和非膨化两种。非膨化挤压食品不在本书的探讨之列。

2. 按膨化加工的工艺过程分类

(1) 直接膨化法　又称一次膨化法，是指把原料放入加工设备（目前主要是膨化设备）中，通过加热、加压再降温减压而使原料膨化。

(2) 间接膨化法　又称二次膨化法，就是先用一定的工艺方法制成半熟的食品毛坯，再把这种坯料通过微波、焙烤、油炸、炒制等方法进行第二次加工，得到的酥脆的膨化食品。

二、挤压膨化方法

1. 食品挤压膨化机理

膨化食品的加工原料含淀粉较多。这些原料由许多排列紧密的胶束组成，胶束间的间隙很小，在水中加热后因部分溶解空隙增大而使体积膨胀。当物料通过供料装置进入套筒后，利用螺杆对物料的强制输送，通过压延效应及加热产生的高温、高压，使物料在挤压筒中经过挤压、混合、剪切、混炼、熔融、杀菌和熟化等一系列复杂的连续处理，胶束即被完全破坏形成单分子，淀粉糊化，在高温和高压下其晶体结构被破坏，此时物料中的水分仍处于液体状态。物料从"压力室"被挤压到大气压力下后，物料中的超沸点水分因瞬间蒸发而产生膨胀力，物料中的溶胶淀粉也瞬间膨化，这样物料体积突然被膨化增大而形成了酥松的食品结构。

在实际生产中，一般还需将挤压膨化后的食品再经过烘焙或油炸等处理以降低食品的水分含量，延长食品的保藏期，并使食品获得良好的风味和口感；同时还可降低对挤压机的要求，延长挤压机的寿命，降低生产成本。

2. 挤压膨化食品工艺流程

原料→混合→调理→挤压蒸煮、膨化、切割→焙烤或油炸→冷却→调味→称重、包装

　　将各种不同配比的原料预先充分混合均匀，然后送入挤压机，在挤压机中加入适量水，一般控制总水量为15％左右。挤压机螺杆转速为200～350r/min，温度为120～160℃，机内最高工作压力为0.8～1MPa，食品在挤压机内的停留时间为10～20s。食品经模孔后因水蒸气迅速外逸而使食品体积急剧膨胀，此时食品中的水分可下降到8％～10％。为便于储存并获得较好的风味质构，需经烘焙、油炸等处理使水分降低到3％以下。为获得不同风味的膨化食品，还需进行调味处理，然后在较低的空气湿度下，使膨化调味后的产品经传送带冷却以除去部分水分（目前一般成品冷却包装间都有空调设备），随后立即进行包装。

三、微波和烘焙膨化方法

　　随着食品工业的发展、新技术和新工艺的出现以及人们生活水平的提高，膨化工艺技术、膨化设备也必然向更受人们欢迎的低油、天然产品的方向发展。而微波膨化技术、烘焙膨化技术已经引起人们的重视并逐步在生产中得到应用。

　　微波加热是通过微波能与食品直接相互作用进行表面与内部一致的整体加热，加热速度快、时间短、产品质量高、加热均匀，且加热过程具有自动热平衡性能，反应灵敏易于控制，热效率高，设备占地面积少等。利用微波膨化红薯脆片可以克服沙炒、油炸加工不卫生、脂肪含量高的缺点。

　　烘焙膨化技术也是生产低油膨化食品的一种新的膨化技术。这种技术目前多用于饼干等食品的生产。

四、油炸膨化方法

　　1. 油炸膨化食品膨化原理

　　利用淀粉在糊化老化过程中结构两次发生变化，先 α 化，再 β 化，使淀粉粒包住水分，经切片、干燥脱去部分多余水分后，在高温油中使其中的过热水分急剧汽化而喷射出来，产生爆炸，使制品体积膨胀许多倍，内部组织形成多孔、疏松的海绵状结构，从而造成膨化，形成膨化食品。

炸制的时间与热油的温度，应根据食品的品种不同而异。炸制时应充分注意到产品所用原料的情况，如块形的大小及厚薄、受热面积的大小等。炸制时，油温的高低必须掌握适当。油温过高易使制品色泽变深或炸焦；油炸时间过短，则造成制品不熟或炸不透，口味不适而造成废品。

油温的测定应以温度计为准。温度过高时，可控制火源，添加凉油或增加制品生坯的投入量。油温过低，措施相反。炸制时还应根据不同品质的需要，采用不同的炸制方法。炸制时还需注意油和生坯的比例，有的比例应为 5：1，如蜂蜜花生；有的则为 9：1，如虾片等；还有的制品无须按比例，应根据油炸制品品种的不同而变更。

2. 影响油炸食品质量的因素

(1) 油炸温度　温度是影响油炸食品质量的主要因素。它不仅影响成熟程度、口感、风味和色泽，也是引起煎炸油本身劣变的主要因素。通常认为油炸的适宜温度是被炸食品内部达到可食状态，而表面正好达到正常色泽的油温，一般以 160～180℃为宜。

(2) 油炸时间　油炸时间与油温的高低应根据食品的原料性质、块形的大小及厚薄、受热面积的大小等因素而适当控制。油炸时间过长，易使制品色泽过深或变焦，口味不适而成废品；油炸时间过短，则易使制品色泽浅淡、易碎、不熟。通常对富含维生素且需保持良好色泽的果蔬脆片采用短时（真空）油炸，而对肉制品及面包类食品采用较长的油炸时间。

(3) 煎炸油和食品一次投放量的关系　油炸食品时，如果一次投放量过大，会使油温迅速降低，为了恢复油温就要加强火力，这势必会延长油炸时间，影响产品质量。如果一次投放量过小，会使食品过度受热，易焦煳，不同食品的一次投放量也有所不同，应根据食品的性质、油炸容器、火源强弱等因素来调整油脂和食品的比例。

（4）煎炸油的质量　煎炸油的成分直接影响着油炸食品的质量。煎炸油具有良好的风味和起酥性，氧化稳定性高，一般要求氧化稳定性 AOM 值达 100h 以上。

第二节　大米休闲食品

一、锅巴

锅巴是用大米、淀粉、棕榈油等为主要原料，经科学方法加工而成的小食品。

1. 原料配方

（1）主配方　大米 85%，淀粉 12%，调料 3%，色拉油为原料重量的 3%，棕榈油为原料重量的 25%。

（2）调料配方

① 牛肉风味　牛肉精 20%，味精 10%，盐 50%，五香粉10%，白糖 10%。

② 咖喱风味　味精 10%，盐 50%，五香粉 10%，咖喱粉29%，丁香 1%。

2. 工艺流程

大米→清洗除杂→浸泡→蒸米→拌油→拌淀粉→压片→切片→油炸→喷调料→包装→成品

3. 主要设备

淘米器具、蒸锅、压片机、切片机、电炸锅、真空封口机、搅拌机。

4. 操作要点

（1）清洗除杂　用清水将米淘洗干净，去掉杂质和沙石。

（2）浸泡　将洗净的米用洁净水浸泡 1h，捞出。

（3）蒸米　把泡好的米放入蒸锅中蒸熟。

（4）拌油　加入大米原料重 3% 的色拉油或起酥油，搅拌均匀。

（5）拌淀粉　按比例将淀粉和大米混合，拌淀粉温度为 15～

20℃，搅拌均匀。

（6）压片　用压片机将拌好的料压成厚 1～1.5mm 的米片，压 2～3 次即成。

（7）切片　将米片切成长 5cm、宽 2cm 的片。

（8）油炸　油温控制在 240℃左右，时间 4min。炸成浅黄色捞出，沥去多余的油。

（9）喷调料　调料按所需配方配好，调料要干燥，粉碎细度为 80 目，喷撒要均匀。

（10）包装　每袋装 50g 或 100g，用真空封口机封合。

二、咪巴

1. 原料配方

60 目米粉 100kg，猪油 2kg，淀粉 3kg，盐 2kg，水 42～45kg。

2. 工艺流程

米粉→搅拌（加盐水、猪油）→蒸米→打散→加淀粉搅拌→压片→切块→油炸→调味→冷却→包装

3. 操作要点

（1）米粉　是指以大米为原料，经浸泡、蒸煮、压条等工序制成的条状、丝状米制品。

（2）搅拌　先将 2kg 盐加入 42～45kg 水中，溶解后将其加入米粉中，应在搅拌机中边搅拌边加入盐水。待混合均匀后，加入 2kg 猪油，搅拌（也叫打擦）均匀后，上锅蒸粉。

（3）蒸米、打散、加淀粉搅拌　水沸后，待锅顶上汽后，蒸 5～6min。出锅时米粉不粘屉布，趁热用搅拌机将米糕打散，并加入 3kg 淀粉，搅拌均匀后压片。

（4）压片　不能趁热压片，这样压出的片太硬、太实，油炸后不酥，也不能凉透后压片，这样淀粉会老化，不易成型，炸后艮。压片时可反复折叠压 4～6 次，至薄片不漏孔，有弹性，能折叠而不断为止。

（5）切块、油炸　切成 3cm×2cm 的长方块，进行油炸，油炸

温度 130～140℃。

(6) 调味、冷却、包装　油炸后经过调味、冷却、包装既为成品。

三、膨化锅巴

膨化锅巴是一种类似于锅巴，但比锅巴膨松，口感更酥脆，含油量低。

1. 原料配方

(1) 主配方　大米粉 90％，淀粉 8％，奶粉 2％，调味料适量。

(2) 调味料配方

① 海鲜味　干虾仁粉 10％，食盐 50％，无水葡萄糖 10％，虾干子香精 10％，葱粉 5％，味精 10％，姜 3％，酱油粉 2％。

② 鸡香味　食盐 55％，味精 10％，无水葡萄糖 19.5％，鸡香精 15％，白胡椒 0.5％。

③ 麻辣味　辣椒粉 30％，胡椒粉 4％，精盐 50％，味精 3％，五香粉 13％。

2. 工艺流程

大米→精选除杂→清洗→粉碎→混合→加水搅拌→膨化→冷却→切段→油炸→调味→包装→成品

3. 主要设备

去石机、粉碎机、搅拌机、谷物膨化机、电炸锅或铁锅、封口机。

4. 操作要点

(1) 精选除杂　精选大米，除去沙石等杂物。

(2) 粉碎、混合　用粉碎机粉碎。将原料按配方充分混合，然后边进行搅拌、边掺水，水量约为总量的 30％。

(3) 膨化　开机膨化前，先配些水分较多的米粉放入机器中，然后开动机器，使湿料不膨化，而容易通过喷口。运转正常后再加入 30％水分的半干粉。出条后，如果太膨松，说明加水量少。出条软、无弹性、不膨化，说明含水量过多。这两种情况都应避免。要求出条后半膨化，有弹性，有均匀小孔。如果出来的条子不合格，可放回料斗后重新混合挤压，但一次不能放入太多。

（4）冷却　出来的条子冷却几分钟，然后用刀切成小段。

（5）油炸　当油温为130～140℃时，放入切好的半成品，料层约厚3cm。下锅后将料打散，数分钟后，打料时有声响，便可出锅。出锅前为白色，放一段时间变黄白色。

（6）调味、包装　当炸好的锅巴出锅后，应趁热一边搅拌，一边加入各种调味料，使其均匀地撒在锅巴表面上，并尽快计量包装。

四、茶香大米锅巴

1. 原料配方

大米10kg，茶末（红茶、绿茶、乌龙茶任选一种）1kg，食盐100g，味精75g，猪油、小麦淀粉、植物油各适量。

2. 工艺流程

茶汁提取

原料选择→淘米→浸泡（加茶汁）→蒸煮→冷却→添加配料→轧片┐
成品←包装←调味←油炸←切片┘

3. 操作要点

（1）大米选择　选用粳米作原料优于籼米。

（2）淘米　将大米洗净，除去表面的米糠及其他污物，沥水供浸泡用。

（3）茶汁提取　提取茶汁用于浸泡大米和蒸米饭。将适量经120目筛的茶末用沸水泡10min，然后抽滤。如此反复操作3次，将滤液混合，备用。

（4）浸泡　用上述茶汁浸泡大米，使大米充分吸水利于蒸煮时充分糊化、煮熟。浸米至米粒呈饱满状态，水分含量达30%左右时为止。浸泡时间通常为30～45min。

（5）蒸煮　可采用常压蒸煮，也可采用加压蒸煮，蒸煮到大米熟透、硬度适当、米粒不糊、水分含量达 50%～60% 为止。如果蒸煮时间不够，则米粒不熟，没有黏结性，不易成型，容易散开，且做成的锅巴有生硬感，口味不佳；反之，则米粒煮得太烂，容易粘成团，并且水分含量太高，油炸后的锅巴不够脆，影响产品质量。

（6）冷却　将蒸煮后的米饭进行自然冷却，散发水汽，目的是使米饭松散，不进一步变软，不黏结成团，也不粘轧片器具，既便于操作，又保证了产品的质量。

（7）添加配料　加入适量猪油、小麦淀粉及取汁后的茶末于冷却好的米饭中混匀。

（8）轧片、切片　在预先涂有油脂的不锈钢板上，将米饭压实成 5mm 厚的薄片，然后切片。切片可大可小，但宜切成大小均匀的小方块。

（9）油炸　将切好的薄片放在植物油中油炸，油温 190～200℃，动作要迅速，以减少茶叶中各种成分的损失。炸至金黄色捞出，沥油后立即冷却。

（10）调味　可采用传统方法用食盐、味精等调料加以调味。

（11）包装　经调味或原味的制品用铝塑薄膜袋包装封口，装箱入库即为成品。

五、大米营养膨化食品

薏米经水洗、加热、调质后，有助于淀粉 α 化。将调质后的薏米与大米、玉米及调味料混合，经膨化机挤压膨化，可得到多孔质、营养丰富的膨化食品。

1. 原料配方

大米 55%，薏米 30%，玉米 10%，调味料 5%。

2. 工艺流程

薏米→水洗→干燥→调质→混合（大米、玉米）＋搅拌→膨化→调味→冷却→包装→成品

3. 操作要点

（1）调质　将碾白的带胚芽的薏米水洗，使其含水量达到

20%～25%。然后放在干燥机中，用 70～120℃ 的温度加热干燥 30～60min，将水分含量降至 12%～15%，这时薏米淀粉的 α 化度为 10%～20%。将干燥后的薏米放在调质罐中。

（2）混合 将调质薏米与大米、玉米混合，并添加适量的调味料，放在搅拌机中，搅拌均质后投到膨化机中。经加热、挤压膨化处理，各种原料中所含的淀粉完全 α 化。然后根据需要加工成颗粒状或棒状。

（3）膨化 薏米淀粉的颗粒比大米淀粉颗粒大 2 倍，而且带黏性。因此薏米淀粉开始 α 化时的温度与最高 α 化时的温度比大米高。如果将薏米与大米、玉米放在同一条件下膨化处理，薏米淀粉不能完全 α 化，膨化后组织粗糙，不易消化。预先将薏米加热、调质，使薏米淀粉的 α 化度达到 10%～20%，然后再与大米、玉米、调味料混合，挤压膨化后，薏米淀粉便能完全 α 化。

（4）调味 使用的调味料有食用油脂、砂糖、食盐、酱油、虾、咖喱、洋葱、蒜等。将不同的调味料配合，可得到不同的风味。调味料可预先与薏米、大米、玉米原料膨化，然后在膨化物表面喷涂调味料。

（5）包装 冷却后包装即为成品。

六、米豆休闲膨化食品

1. 原料配方

米粉 20%，豆粉 20%，木薯淀粉 50%，调味品 2%。

2. 主要设备

多功能粉碎机、烘箱、蒸锅、冰箱、离心机、油炸锅等。

3. 工艺流程

新鲜大豆→分选→烘干→磨粉→原料配比→调面团→成型→蒸煮（预糊化）→冷却老化→切片→预干燥→油炸膨化→真空包装→成品

4. 操作要点

（1）分选 挑选粒大饱满、颜色金黄大豆，去除杂质。

（2）烘干 大豆放置干净的托盘中，在烘箱 50℃ 条件下，保持 5～6h。烘干多余水分为磨粉创造条件。

（3）磨粉　用多功能粉碎机将烘干的大豆粉碎成豆粉，同时将大米磨成粉。

（4）原料配比　将豆粉、米粉、木薯淀粉和调味料进行不同的配比。

（5）调面团、成型　把混合均匀的原料放入干净容器中，加水（26%～38%）后不断搅拌，直至形成软硬适中的面团。面团中湿度一定均匀，无粉团；将调好的面团制成截面边长 2.5～3cm 的正方形或 2.5cm×3cm 的长方形，长短适中的棱柱形，注意面条必须压紧搓实，将空气赶走，直至切面无气孔为止。

（6）蒸煮（预糊化）、冷却老化、切片　成型后的面团进行蒸煮，使其充分预糊化；蒸煮后迅速放置冰柜中冷却老化；把面条从冰柜中取出，室温解冻，切片厚度 2mm 左右。2mm 厚的薄片在油炸时可迅速浮起，质地松脆，膨化度较高；片过薄，加工难度较大，油炸时也易焦化；片过厚，油炸时均匀性较差，往往是外脆而内有硬心，膨化度也低。

（7）油炸膨化　干片预干燥后，准备好油炸锅加入适量的色拉油，在油达到不同温度时进行油炸，并记录油炸的时间进行对比。

（8）真空包装　用复合膜包装后，抽真空封装，可以有效防止产品油脂氧化。

七、海鲜膨化米果

1. 原料配方

大米 5.5kg，玉米 3.4kg，大豆 1.1kg，糖 1.3kg，海鲜鱼粉800g，食盐、香精各适量。

2. 工艺流程

原料处理→混合调味→挤压膨化→切割成型→干燥→冷却→包装→成品

3. 操作要点

（1）原料处理　大米、大豆分别磨成细粉。玉米经脱皮机脱去外皮磨成细粉。

(2) 混合调味　按配方配比将原辅料进行充分搅拌混合，适量加水，使混合料总水分含量达 14%～22%。

(3) 挤压膨化　将混合料送入喂料机，由喂料机送入物料进行挤压膨化。挤压温度为 160～180℃，物料在简体内停留时间 8～12s。从模孔挤出的米果由旋转切割刀切成圆球状。膨化率达到 96%。

(4) 干燥、冷却　挤出的膨化米果水分较高，需经热风干燥机干燥，干燥至水分 6%～8%为止，然后迅速冷却。

(5) 包袋　用铝塑复合薄膜袋定量包装，即为成品。

八、全膨化天然虾味脆条

1. 原料配方

大米 52%，玉米 16%，植物油 15%，虾粉 8.5%，葡萄糖 7%，食盐 0.8%，味精适量。

2. 主要设备

单螺杆挤压膨化机、加湿机、切割机、隧道式烤炉、调味机、粉碎机、水分测定仪、立式充气自动包装机。

3. 工艺流程

原料精选→粉碎→加虾粉→混合→加湿→挤压膨化→切割成型→烘烤→喷油、调味→包装→成品

4. 操作要点

(1) 原料精选　大米（粳米）、玉米无虫蛀霉变。玉米在粉碎前先除去不易膨化的皮和胚芽。

(2) 混合　在加湿机中将大米、玉米、虾粉按比例混拌匀，部分食盐应先溶解于调湿度的水中掺入到混合料中，便于分散均匀。加水量的多少应视气候变化、环境温度、湿度的不同而增减，混合后的物料水分一般控制在 13%～18%，干燥及气温较高时，加水量可适当多些；反之则少。

(3) 挤压膨化　是整个工艺过程的关键，直接影响到最终产品的质感和口感。当挤压温度为 170℃，挤压腔压力为 4MPa，螺杆转速为 800r/min 时，膨化效果较为理想。

(4) 切割成型　膨化物料从模孔挤出后，立即通过输送机牵引至切割机切成相应的条状，调节切刀转速，得到符合长度要求的膨化虾味脆条半成品。

(5) 烘烤　膨化后的半成品水分较高，需经过带式输送机进入隧道式烧炉作出进一步干燥，使水分控制在5%，延长保质期，同时烘烤后产生一种特有香味，提高品质。

(6) 喷油、调味　在旋转式调味机中进行。将植物油加温至70℃左右，通过雾状喷头使油均匀地喷洒在随调味机旋转而滚动的物料表面。喷油的目的一是为了改善口感，一是使物料容易易沾上调味料。随后喷撒调味料，经装有螺杆推进器的喷粉机将粉末状复合调味料均匀撒在不断滚动的物料表面，即得成品。

(7) 包装　采用立式充气自动包装机包装。为防止受潮，保证酥脆，调味后的产品应立刻包装。包装材料采用涂铝复合膜，充入洁净干燥氮气，封口应平整严密。

九、营养麦圈和虾球

1. 原料配方

(1) 营养麦圈　玉米粉12%，面粉5%，小米粉15%，全蛋粉1%，大米粉51%，盐1%，糖粉12%，油1%，奶粉2%，香精适量。

(2) 虾球　大米粉75.9%，盐1.5%～2%，淀粉20%，味精0.5%，虾粉0.5%～1%，虾油1%，桂皮、甘草、八角（1∶1∶1）0.1%，香精适量。

2. 工艺流程

原料混合→膨化→冷却→包装

3. 操作要点

(1) 原料混合　将所有的粉料倒入搅拌机内，一边搅拌，一边将雾化后的油喷入粉料中，同时用少量水将香精溶化，然后喷入粉中，加水量越少越好，一般为1%左右。

(2) 膨化　将混合好的物料送入膨化机中膨化，装料前应将机器预热。

（3）成品　经过冷却、包装后即为成品。

十、营养米圈

1. 原料配方

大米粉 51％，玉米粉 20％，小米粉 7％，糖粉 12％，奶粉 2％，面粉 5％，全蛋粉 1％，盐 1％，油 1％，香精适量。

2. 工艺流程

原料混合→膨化→冷却→包装→成品

3. 操作要点

（1）原料混合　将所有的粉料倒入搅拌机内，一边搅拌，一边将油雾化后，喷入粉料中，同时用少量水将香精溶化，然后喷入粉中，加水量愈少愈好，一般为 1％左右。

（2）膨化　将混合好的物料送入膨化机中进行膨化，装料前应将机器预热，是整个工艺过程的关键，直接影响到最终产品的质感和口感。当挤压温度为 170℃，挤压腔压力为 4MPa，螺杆转速为 800r/min 时，膨化效果较为理想。

（3）包装　采用立式充气自动包装机包装。为防止受潮，保证酥脆，调味后的产品应即刻包装。包装材料采用涂铝复合膜，充入洁净干燥氮气，封口应平整严密。

十一、膨化夹心米酥

1. 原料配方

大米 55％，玉米 10％，白糖粉 25％，蛋黄粉 2.5％，奶粉 2.5％，芝麻酱 2.5％，巧克力粉 2.5％，奶油、色拉油、调料各适量。

2. 工艺流程

```
                                        制馅料
                                          ↓
大米、玉米→精选除杂→粉碎过筛→混合→挤压膨化→夹馅→整形┐
                        成品←包装←喷油、调味←烘烤←────┘
```

3. 主要设备

去石机、粉碎机、拌粉机、化糖锅、输送机、单螺杆膨化机、夹馅机、整形机、提升机、烘干机、旋转滚筒、喷油机、调料机、枕式包装机。

4.操作要点

(1) 精选除杂　用去石机分别将大米、玉米的沙石等异物除去。

(2) 粉碎过筛　将除杂后的大米、玉米（玉米去皮）分别粉碎过 20 目网筛。

(3) 混合　将大米粉和玉米粉按比例混合均匀，并使混合后的原料水分保持在 12%～14%。

(4) 制馅料　奶油具有良好的稳定性及润滑性，并且能使产品具有较好的风味，因此，用奶油做夹心料载体较为理想。将纯奶油加温融化，然后冷至 40℃左右，按比例加入各种经粉碎过 60 目筛的馅料，搅拌均匀。为保证产品质量，奶油添加应适量，保证物料稀释均匀，并且有良好的流动性。奶油应选用纯奶油，不能掺有水分。

(5) 挤压膨化与夹馅　这是产品生产的关键工序，物料膨化的好坏直接影响最后的质感和口感，物料在挤压中经过高温（130～170℃）、高压（0.5～1MPa）成为流动性的凝胶状态，通过特殊设计的夹心模均匀稳定地挤出完成膨化，同时馅料通过夹心机挤压，经过夹心模均匀地注入膨化酥中，随膨化物料一同挤压出来，挤出时，物料水分降至 9%～10%。

(6) 整形　夹馅后的膨化物料从模孔中挤出后，需经牵引至整形机，经两道成型辊压形后，由切刀切断成一定长度、粗细厚度均匀的膨化食品。此时物料冷却，水分降至 6%～8%。

(7) 烘烤　烘烤的目的是为了提高产品的口感及保质期。通过烘烤可使部分馅料由生变熟，产生令人愉快的香味。烘烤后物料水分降至 2%～3%。

(8) 喷油、调味　该工序是在滚筒中进行的，喷油是为了防止产品吸收水分，赋予产品一定的稳定性，延长保质期。喷洒调味料是为了改善口感和风味。随着滚筒的转动，物料从一头进入，从另一头出来。喷油是在物料进入滚筒时进行，通过翻滚搅拌，油料均匀涂在物料表面。物料通过滚筒中部时，加调味料，只滚动不搅拌，从滚筒中出来即为产品。

(9) 包装　产品通过枕式包装机用聚乙烯塑料膜封口，要求密封、美观整齐。保质期在常温下保质 9 个月以上。

十二、谷粒素

1. 原料配方

(1) 谷粒配方　大米 50％，小米 30％，玉米 20％。

(2) 巧克力酱料配方　可可液块 12％，可可脂 30％，全脂奶粉 13％，白糖粉 45％，卵磷脂 0.5％，香兰素适量。

(3) 糖液配方　白糖 1kg，蜂蜜 0.1kg，奶粉 0.5kg，水 5kg。

(4) 抛光剂　水 100mL，树胶 40g，虫胶 10g，无水酒精 80mL。抛光剂一般可按总量的 0.1％～0.2％添加。

2. 工艺流程

```
                                              上衣料配制
                                                 ↓
大米、玉米、小米→精选除杂→混合粉碎→膨化制粒→上衣→成圆
              成品←包装←抛光←静置←
```

3. 主要设备

粉碎机、胶体磨、搅拌机、糖衣机、冷风机、化糖锅、保温缸、谷物膨化机。

4. 操作要点

(1) 膨化制粒　将精选除杂后的大米、小米、玉米按配比混合后粉碎，膨化成直径 1cm 左右的小球。

(2) 上衣料配制

① 化料　将可可脂在 40℃ 左右熔化，然后加入可可液块、全脂奶粉、白糖粉，搅拌均匀。酱料的温度最好控制在 60℃ 以内。

② 精磨　巧克力酱料用胶体磨连续精磨 2～3h，其间温度应恒定在 40～50℃。酱料含水量不超过 1％，平均细度达到 20pm 为宜。

③ 精炼　精磨后的巧克力酱料还要经过精炼，精炼时间为

24h左右，精炼温度控制在46～50℃较好。在精炼即将结束时，添加香兰素和卵磷脂，然后将酱料移入保温缸内。保温缸温度应控制在40～50℃。

④ 制糖液　按1kg糖，加5kg水，0.1kg蜂蜜，0.5kg牛奶调匀溶化。

（3）上衣　先将谷粒小球按糖衣锅生产能力的1/3量倒入锅内；开动糖衣锅的同时开启冷风，将糖液以细流浇在膨化球上，使膨化球均匀裹一层糖液。待表面糖液干燥后，加入巧克力酱料，每次加入量不宜太多，待第一次加入的巧克力酱料冷却且起结晶后，再加入下一次料，如此反复循环，小球外表的巧克力酱料一层层加厚，直至所需厚度，一般为2mm左右。谷粒小球与巧克力酱料的重量比为1：3左右。

（4）成圆　成圆操作在上衣锅内进行，通过摩擦作用对谷粒素表面凹凸不平之处进行修整，直到呈圆形为止。然后取出，静置数小时，以使巧克力内部结构稳定，然后再上光。

（5）抛光　上光时，一般先倒入虫胶，后倒入树胶，开动抛光机开始上光，球体外壳达到工艺要求的亮度时，便可取出，剔除不合格产品即可包装。操作时，要注意锅内温度，并不断搅动，必要时开启热风，以加快抛光剂的挥发。

十三、薄酥脆

1. 原料配方

大米熟料100kg，玉米淀粉800g，糖700g，柠檬酸150g，盐18kg，起酥油250g，二甲基吡嗪（增香剂）25g，辣椒粉5.95kg，花椒粉4.45kg，牛肉精700g，虾粉1700g，苦味素50g，五香粉35g。

2. 工艺流程

原料→除杂清洗→蒸煮→增黏→调味→压花切片→油炸→包装→成品

3. 操作要点

（1）除杂清洗　将大米去杂，用清水冲洗干净。

(2) 蒸煮 将洗净的大米以料水比为 1∶4 的比例，在压力为 0.15～0.16MPa 的压力锅内蒸煮 15～20min。

(3) 增黏 在熟化后的大米中加入玉米淀粉混合均匀。熟化大米与复合淀粉质量之比为 100∶1。

(4) 调味 将调味料按配方的比例配合，与熟化大米、淀粉混合搅拌均匀。

(5) 压花切片 用压花模具将大米压成厚度基本上维持在 1mm 以下的薄片，局部加筋。筋的厚度为 1.5mm，宽度为 1mm，间隔为 6mm。再用切片机切成 26mm×26mm 的方片，大米薄片的两端成锯齿形。

(6) 油炸 用棕榈油油炸，当油加热到冒少量青烟时放入薄片，油温应控制在 190℃，炸制 4min 左右出锅。

(7) 包装 油炸后经沥油冷却，用铝箔聚乙烯复合袋密封包装即为成品。

十四、日本米饼

1. 原料配方

粳米 95％，白砂糖 5％，酱油适量，调料适量。

2. 工艺流程

粳米→除杂清洗→浸泡→过滤→蒸煮→水洗→复蒸→压片→成型→烘干→发汗→二次烘干→调味→烘烤→包装→成品

3. 主要设备

淘米器具、蒸煮机、烘干机、烘箱、压片机、成型机、封口机。

4. 操作要点

(1) 除杂清洗、蒸煮 将除杂后的精白粳米洗净，放在水中浸泡一夜，取出沥水后，放在连续式蒸煮机中，在 19.8kPa 的蒸汽压下蒸 20min，得到的蒸米含水分约 36％。

(2) 水洗 将蒸好的米立即投入水中，搅拌使米粒松散，洗去米粒间黏液，水洗约 5min 后，取出沥水。米中含水量约为 54％。

(3) 复蒸 再放入蒸煮机中复蒸，在 19.8kPa 的蒸汽压下蒸煮 10min，得到水分含量约 55％的蒸煮米。

（4）压片、成型　将蒸米冷却到 40℃，通过间隙为 2cm 的压片机压辊，米粒表面产生黏性，表面相互黏结成片状，用成型模将片状料坯压制成长 8cm、宽 6cm 的长方形料坯。

（5）烘干　放入自动连续式热风干燥机内，在 80℃的温度中干燥 3h，得到水分含量约 18％的料坯。

（6）二次烘干　将料坯放在密闭容器中保存 12h 后，取出，进行二次干燥。二次干燥是用 80℃的温度干燥 3h，得到水分含量约 8％的料坯。

（7）调味、烘烤　用调味的白糖和酱油调匀涂抹在料坯表面，将料坯放在烤箱中烘焙使之干燥，包装后即得到成品。

十五、香酥片

1. 原料配方

（1）主料　米粉 90kg，糖 3kg，淀粉 10kg，水 50kg，精盐 2kg，调味料适量。

（2）调味料

① 海鲜味　甘草 25％，虾油精 75％。

② 麻辣味　辣椒粉 30％，味精 3％，胡椒粉 4％，五香粉 13％，精盐 50％。

③ 孜然味　盐 60％，花椒粉 9％，孜然 28％，姜粉 3％。

2. 工艺流程

米粉、淀粉→配料→过筛→搅拌（加入调味液）→蒸糕→捣糕→压糕→切条→冷置→切片→干燥→油炸→调味→冷却→包装

3. 操作要点

（1）配料、搅拌　将 80 目的籼米粉与淀粉混合搅拌后，过筛使其混合均匀，然后根据季节和米粉的含水量加入 50％左右的水，应一边搅拌，一边慢慢地加入水，使其混合均匀，成为松散的湿粉。

（2）蒸糕　将湿粉放入蒸锅的笼屉上，水沸后，上锅蒸 5～10min，料厚一般为 10cm 左右，若料较厚可适当延长蒸糕时间，

一般蒸好的米粉不粘屉布。

（3）捣糕　将蒸好的米粉放入锅槽中，搅拌后用木槌进行砸捣。要砸实，使米糕有一定的弹性，及时用液压机或压糕机将米糕压成 2～5cm 厚的方糕。

（4）切条　捣糕后用刀切成 5cm 宽的条，移入另一容器，盖上湿布，放置 24h。

（5）冷置、切片、干燥　待米糕有弹性，较坚实后，将糕条切成 1.5mm 左右的薄片，进行干燥，可采用自然风干，也可人工干燥，50～70℃干燥 3h，自然风干一般需 1～2 天，待完全干透后再进行油炸。

（6）油炸　油炸最好采用电炸锅，易控制温度，用一般的铁锅也可。通常用棕榈油，也可用花生油和菜子油。当油加热到冒少量青烟（即翻滚不浓烈）时，放入干燥后的薄片。加入量以均匀地漂在油层表面为宜，一般炸 1min 左右，当泡沫消失时，便可出锅。

（7）调味　离开油锅后应立即加调味粉，调味料均匀地撒到薄片上，这一点很重要。因为在这个时候油脂是液态的，能够形成最大的黏附作用。

（8）冷却、包装　调味后将成品冷却到室温，再进行包装。

第三节　小麦休闲食品

一、韧性饼干

这种饼干表面的花纹呈平面凹纹型，表面较光洁，松脆爽口，香味淡雅，同等重情况下其体积一般要比粗饼干、香酥饼干大一些。产品主要作点心食用，但亦可充作主食食用。

1. 原料配方

面粉 90kg，淀粉 10kg，砂糖（以糖浆形式使用）25～30kg，油脂 10～12kg，饴糖 3～4kg，奶粉（或鸡蛋）4kg，碳酸氢钠 0.6～0.8kg，碳酸氢铵 0.3～0.4kg，浓缩卵磷脂 1kg，焦亚硫酸钠≤0.17kg，香料适量。

2．工艺流程

面粉、淀粉→过筛→调粉→静置→压面→成型→烘烤→冷却→
包装→成品

3．操作要点

(1) 调粉　韧性面团要求调得松软一些，加水量约为18%，
其中焦亚硫酸钠用冷水溶化，在开始调粉时即可加入。一般采用双
桨立式调粉机调粉20~25min。调后面团温度为36~40℃。判断
调粉好坏的重要标志有两点，一是面团弹性明显变小；二是稍感面
团发软。

(2) 静置　调粉后面团弹性仍然较大，可通过静置来减少饼干
韧缩现象，因在静置过程中可消除面团内部的张力。一般要静置
10~20min，可视需要而定。

(3) 压面　韧性面团辊轧一般是11次左右，要求将面片的两
端折向中间，并经两次折叠转向，以改善其纵横之间收缩性能上的
差异，尽量少撒粉，以防烘烤后起泡。

(4) 成型　可用辊切或冲印成型。面片在各道辊轧中厚度的压
延比不应超过3：1，最后一道的厚度最好不超过3mm，模型应使
用有针孔的凹花（阳纹）图案，以增加花纹清晰，针孔可防止饼干
表面起泡和底面起壳。

(5) 烘烤　韧性饼干由于在面团调制时形成多量的面筋，使烘
烤时脱水速度慢，因此必须采用低温长时间烘烤。在温度225~
250℃情况下可烘烤4~6min。

(6) 冷却　韧性饼干因配料中糖、油含量低，烘烤时脱水量
大而极易产生裂缝。在冷却过程中，不可采用强制通风，以防温
度下降过速和输送带上方空气过于干燥，导致产品储藏过程中
破碎。

(7) 包装　要求冷却完全，待产品低于45℃方可包装。

二、酥性饼干

酥性甜饼干是一般中档配料的产品，生产这种饼干的面团弹性
小，可塑性较大，口味较韧性饼干酥松。表面通常由凸起的条纹组

成花纹图案，整个平面无针孔。该产品主要作点心食用。

1. 原料配方

面粉 100kg，砂糖（以糖浆形式使用）32～34kg，油脂 14～16kg，饴糖 3～4kg，奶粉（或鸡蛋）5kg，碳酸氢钠 0.5～0.6kg，碳酸氢铵 0.15～0.3kg，浓缩卵磷脂 1kg，香料适量。

2. 工艺流程

面粉→过筛→调粉→静置→压面→成型→烘烤→冷却→包装→成品

3. 操作要点

（1）调粉　酥性面团的配料次序对调粉操作和产品质量有很大影响，通常采用的程序是糖浆、卵磷脂→油脂→饴糖→鸡蛋、碳酸氢钠、碳酸氢铵→水溶液→混合→筛入面粉→筛入奶粉→调粉。

调粉操作要遵循造成面筋有限胀润的原则，因此面团加水量不能太多，亦不能在调粉开始以后再随便加水，否则易造成面筋过量胀润，影响质量。面团温度应在 25～30℃，在卧式调粉机中调粉 5～10min。

（2）静置　调酥性面团并不一定要采取静置措施，但当面团黏性过大，胀润度不足，影响操作时，需静置 10～15min。

（3）压面　现今酥性面团已不采用辊轧工艺，但是，当面团结合力过小，不能顺利操作时，采用辊轧的办法，可以得到改善。

（4）成型　酥性面团可用冲印或辊切等成型方法，模型宜采用无针孔的阴文图案花纹。在成型前皮子的压延比不要超过 4∶1。比例过大易造成皮子表面不光，粘辊筒，饼干僵硬等弊病。

（5）烘烤　酥性饼干易脱水，易着色，采用高温烘烤，在 300℃条件下约烘 3.5～4.5min。

（6）冷却、包装　在自然冷却的条件下，如室温为 25℃左右，经过 5min 以上的冷却，饼干温度可下降到 45℃以下，基本符合包装要求。

三、苏打饼干

苏打饼干是一种发酵型饼干，有咸、甜两种。

1. 原料配方

(1) 普通苏打饼干原料配方

① 面团配方　标准粉 50kg，精盐 0.25kg，精炼混合油 6kg，小苏打 0.25kg，饴糖 1.5kg，香兰素 7.5g，鲜酵母 0.25kg。

② 油酥配方　标准粉 15.7kg，精炼混合油 6kg，精盐 0.94kg。

(2) 奶油苏打饼干原料配方

① 面团配方　特制粉 50kg，小苏打 0.13kg，猪油 6kg，香兰素 12.5g，奶油 4kg，精盐 0.13kg，奶粉 2.5kg，鲜酵母 0.38kg。

② 油酥配方　特制粉 15.7kg，精盐 0.94kg，精炼混合油 4.38kg，抗氧化剂 3g，柠檬酸 1.5g。

2. 工艺流程

面粉→过筛→第一次调粉→第一次发酵→第二次调粉→第二次发酵→辊轧→成型→烘烤→冷却→整理→包装→成品

3. 操作要点

(1) 第一次发酵　通常使用总发酵量的 40%～50% 面粉，加入预先用温水溶化的酵母液，酵母用量为 0.5%～0.7%。再加入用以调节面团温度的温水，加水量为标准粉的 40%～42%，特制粉为 42%～45%。在卧式调粉机中调 4min，冬天面团温度应掌握在 28～32℃，夏天 23～28℃。第一次发酵时间根据室温高低而定，通常 8～10h，发酵完毕时的 pH 值应在 4.5～5 范围内。

(2) 第二次发酵　在第一次发好的酵头中逐一加入各自面团配方中的其余原材料。调粉 5～7min。冬天面团温度保持 30～33℃，夏天 28～30℃，发酵时间 3～4h。

(3) 辊轧　苏打饼干必须经过压面，在辊轧过程中加入油酥。压面时面带必须压到光滑，才能加油酥，头子必须铺均匀，并与新面团充分轧压混合。整个辊轧过程中要求不断折叠后转 90°，以消除纵横向之间的张力差，防止饼干收缩变形。压延比亦需注意，在夹油酥前不超过 3∶1，夹油酥后不超过 2.5∶1，以免因油酥外露产生僵片。

(4) 成型　苏打饼干可使用冲印成型或辊切成型机生产。在各道压辊和帆布之间要使面带在运转中保持松弛，绷紧状态会使饼干易收缩，厚薄不均。苏打饼干通常应使用有均布针孔的阳文模型，一般无花纹，只有简单的文字图案。

（5）烘烤 苏打饼干的烘烤过程是否处理得当，对质量的关系十分密切，即使发酵不太理想，烘烤得好，仍然能获得较好的产品。

（6）冷却 苏打饼干由于配方中不含糖，与甜饼干相比，较易破碎，最好待饼干充分冷却后再包装。

四、维夫饼干

维夫饼干是一种由饼干单片和夹心组成的夹心饼干，具有酥脆、入口易化的特点。

1. 原料配方

① 配方 糖粉（相当于 80 目）37kg，芝麻酱或花生酱 30kg，香精 0.2%。

② 配方 糖粉（相当于 80 目）27kg，高熔点起酥油 20kg，香精 0.2%，抗氧化剂 0.02%。

2. 工艺流程

配制夹心用浆
↓
调面浆→制皮料→涂浆→叠片→去四边→包装→成品

3. 操作要点

（1）调面浆、制皮料 各厂都有自己的调制面浆的配方，现介绍两种如下。

① 配方 面粉 33kg，小苏打 270g，碳酸氢铵 270g，磷酸氢钙 150g，花生油 1.2kg，水 50kg。

② 配方 面粉 33kg，小苏打 170g，碳酸氢铵 170g，磷酸氢钙 150g，花生油 1.2kg，水 50kg。

将上述制皮原料投入食品搅拌机的搅拌桶中，用球形搅拌桨叶搅拌至无面粉颗粒，搅拌时间为 10~30min 即可供制皮料用。制皮料可用单模手工操作，也可用圆盘形维夫饼干制皮机制。制皮机每台是由 8 个单模组成，可自动开模，自动注浆，操作较为方便。

（2）配制夹心用浆　夹心用浆的种类很多，高档产品用巧克力、奶油等调制。中档产品可用芝麻酱、花生酱、起酥油等调制。

若要制成强化维夫饼干，则可在制浆时再加入 0.2% 的赖氨酸或维生素 B_1、维生素 B_2、维生素 C 等，起到增补营养的效用。赖氨酸和绝大多数的维生素在高温下由于受热而分解，其营养受到破坏，限制了在饼干中的使用。维夫饼干中的浆料不需再经过高温烘烤，可避免强化剂的分解。有些维生素还能起到改善口味和延长产品保存期的作用，如维生素 C 就是其中的一种。

浆料的调制方法，将芝麻酱或花生酱先投入食品搅拌机的搅拌桶中，用网形搅拌叶搅拌，边搅拌边投入糖粉和香精等物，至混合均匀为止，一般搅拌时间为 10～30min。若用起酥油和糖粉作浆料，则先将油脂加温，使其熔化成熔融状态，再放入搅拌机的搅拌桶中，用网形搅拌叶搅拌，边搅拌边加入糖粉、香精、抗氧化剂等物至混合均匀为止，一般搅拌时间为 10～30min。

（3）涂浆　先将已制好的维夫饼干皮料放在工作台上，然后用机器或手工均匀地涂上一层夹心浆料。

（4）叠片　取三张皮料，把其中的两张涂上浆料，然后把它们粘在一起（三张皮料，两层夹心）成一厚片。再把两张厚片叠在一起（六张皮料，四层夹心），放到切割机中去切成小块。

（5）去四边　将已叠成片的大张维夫饼干用切割机先切去四边，再切成若干长条形的小片，便成了营养丰富、香甜可口的高级饼干。

（6）包装　将已切好的维夫饼干用纸盒或塑料袋包装。

五、蛋黄饼干

蛋黄饼干是一类手工饼干，原料中鸡蛋占很大比重，是营养丰富、非常酥松、入口易化的饼干。

1. 原料配方

特制粉 2.5kg，鸡蛋 2.25kg，香兰素 2g，糖粉 2.5kg。

2. 工艺流程

制面浆→挤出成型→静置→干燥→烘烤→冷却→包装→成品

3. 操作要点

（1）制面浆　将鸡蛋与糖粉在 30℃ 的条件下，经搅拌 15～20min 左右，加入面粉，继续充分搅拌，搅拌出面筋。面浆的稠度对成品质量有很大关系。面浆过稠，挤型时发硬，影响形态整齐。面浆过稀则挤出时过于流散，不易成型。

（2）挤出成型　用三角袋将面浆挤在铁盘上成型。

（3）静置　在干燥室静置干燥约 3h。

（4）烘烤　进行烘烤，烤好出炉。

（5）包装　冷却后包装为成品。

六、五花饼干

五花饼干酥、脆、香、甜。表面有黑白相交错的美丽图案。有杏仁和巧克力香味。

1. 原料配方

面粉 1.5kg，黄油 1.2kg，绵白糖 600g，可可粉 50g，杏仁 250g，鸡蛋 2 个，牛奶 500g，香草粉少许。

2. 工艺流程

面粉→过筛→制白面团→制黑面团→静置→制杏仁末→制五花面坯→成型→烘烤→冷却→包装→成品

3. 操作要点

（1）制白面团　用 1kg 面粉过筛，放在操作台上，加入 800g 黄油，用手搓均匀。从中间扒开一个坑，放入绵白糖 400g、香草粉少许、牛奶 325g，用手搅拌混合均匀，成为奶白色的白面团。放在铁盘上，送入冰箱冷却。

（2）制黑面团　将 500g 面粉过筛，放在操作台上，加入 400g 黄油，搓均匀，扒个坑，加绵白糖 200g、过筛的可可粉 50g、牛奶 195g，搅拌均匀，成为可可色黑面团。放在盘上，送入冰箱冷却。

（3）制杏仁末　将杏仁用沸水冲后浸泡 5min，捞出，去皮，切成碎末，用温炉烘干。

（4）制五花面坯　将冷却的两色面团取出，放在操作台上，分别擀成 8mm 厚的面片，并用刀切成许多 1cm 宽的面条。然后另取一些白色面团（用料未计入），擀成 2mm 厚的面片，把面片的一端用刀切齐，面片上刷鸡蛋液，把切好的 8mm 厚、1cm 宽的黑白两种颜色的面条，交错着（白、黑、白）并排码上三根。再刷一层蛋液，码上第二层（黑、白、黑）。刷上蛋液再码第三层（白、黑、白）。再刷上蛋液。随后用 2mm 厚的面片将码齐的三层面条裹上，裹严，成为截面 28mm×34mm 的长方体面棍。裹好后，在外围刷一层蛋液，沾上一层碎杏仁，送入冰箱冻硬后取出。

（5）成型　将面棍躺放在案板上，用刀切成 5mm 厚的小方片，间隔一定距离，摆在铁烤盘上。

（6）烘烤　送入 200℃烤炉，大约 10min 烤熟出炉。

（7）包装　出炉后冷却包装。

七、果酱夹心饼干

1. 原料配方

奶油 210g，糖粉 100g，蛋黄 80g，低筋面粉 320g，蛋黄 1 个，果酱 320g，香草精适量，饼干模具数个，塑胶袋 1 张。

2. 工艺流程

调浆→和面→成型、夹心→焙烤→包装→成品

3. 操作要点

（1）调浆　奶油与糖粉拌匀后稍微打发，将蛋黄分次加入拌匀，再加入香草精拌匀。将蛋黄打散备用。

（2）和面　面粉过筛后置于工作台上筑成粉墙，将调制好的夹心往中间倒入，再用双手按压、拌匀成面团。

（3）成型、夹心　将面团放在 1 张割开的塑胶袋上，先撒少许面粉，再将面团擀成 0.4cm 厚，用压模压出形状，每 2 片为一组，其中 1 片刷上蛋黄（可帮助饼干黏合）当做下层，另 1 片用较小的压模压成中空状当做上层，将 2 片相叠，并在中空处填入果酱。

（4）焙烤　将处理好的饼干放入烤箱，以上火 170℃、下火 140℃烤成金黄色即可（约 14～18min）。

（5）包装　冷却后应立即进行包装。

八、西凡尼饼干

1. 原料配方

面粉、砂糖、奶油各 500g，鸡蛋 1kg，果酱 2kg，碎杏仁 400g，香草粉少许。

2. 工艺流程

面粉→过筛→拌料→烘烤→粘果酱→切块→冷却→包装→成品

3. 操作要点

（1）原料处理　将面粉过筛备用。将鸡蛋打开，蛋清、蛋黄分开放在碗里。将碎杏仁烤成黄色。

（2）拌料　将奶油、砂糖 450g 放入锅内，上火，边化边搅拌，至砂糖、奶油成白色时，再将蛋黄陆续兑入搅匀，加入香草粉；将蛋清放入铜锅用蛋抽子抽打成泡沫，放入砂糖 50g 拌匀，一并倒入盛砂糖奶油的铜锅，加入面粉和匀，即成西凡尼饼干料。

（3）烘烤　将烤盘里铺上油纸，将搅拌好的饼干料分别放入烤盘，推抹均匀，入炉烤熟成片。

（4）粘果酱　将果酱放入铜锅，上火熬浓。用果酱将烤好的黄油饼干片，一片一片地粘好，每块粘成 4 层，然后在上下两面抹一层薄薄的果酱，粘上烤黄的碎杏仁。

（5）切块、包装　晾凉后切成小长方块，及时包装即成。

九、花生珍珠糕

1. 原料配方

（1）面团料　面粉 14kg，鸡蛋 7.5kg，碳酸氢铵 250g，水 3kg。

（2）挂浆料　白砂糖、化学稀（麦芽糖）、花生米各 7.5kg。

（3）扑面　1.5kg。

（4）炸油　9kg。

2. 工艺流程

备料→和面→成型→油炸→熬浆→挂浆→冷却→包装→成品

3. 操作要点

（1）和面　将面粉过筛后，置于操作台上，围成圈。然后把鸡蛋用清水洗净磕入容器内，搅打充气后，倒入面圈内。同时加入适量的水和已溶化的碳酸氢铵，搅拌均匀，再将面粉加入，调成软硬适宜的筋性面团。分成每块 2kg 左右。揉和至表面光滑，内部无面节为止，饧发约 30min。

（2）成型　把饧好的面团擀成厚 0.5cm 的薄片，而后切成宽 0.5cm 的面条状。再横过来切成 0.5cm 的小方块，装在筛内，摇晃除其扑面，同时将小方块摇成近似球形，准备油炸。

（3）油炸　将油投入锅内，烧至 155℃ 时，把生坯适量地投入锅内，用笊篱翻动，将浮起油面的小球摁下，炸成乳白色，熟透捞出。

（4）熬浆　把糖加水熬至 115℃ 时，将化学稀投入，再熬至 115℃ 时撤离火源。

（5）挂浆　将操作台扫净，把木框放在操作台四周，撒上扑面后，均匀地撒上一层芝麻仁。然后把花生米烤熟去皮拌入已炸好的小球内，适量地倒入锅内，将糖浆浇上、拌匀。取出后，倒在木框内，用手铺平厚约 3.5cm。表面均匀地撒上已洗净的小料，压平。

（6）包装　冷却后以规格的木尺用刀切成 5cm×5cm 的方块状，冷却后包装。

十、焦皮酥

1. 原料配方（成品 40 只）

面粉 500g，白糖 200g，熟芝麻、熟猪油各 150g，橘红、熟面粉各 50g，花生油 2kg（实耗 150g）。

2. 工艺流程

备料→和面→制油面糊→制馅→制坯→油炸→冷却→包装→成品

3. 操作要点

（1）和面　面粉过筛后，先取出 300g，徐徐加入盛有开水 225g、熟猪油 50g 的锅中，边搅边烫，把面粉烫熟至无生粉粒时铲起，置于案上摊开晾凉。再取面粉 125g，加入清水 62.5g，和成水调面团。

（2）制油面糊 将剩余的面粉 75g 投入有花生油 50g 的锅内，用五成油温反复翻炒，至油和面粉翻炒成糊状时，盛入小碗待用。

（3）制馅 将熟芝麻擀碎，加入切细的橘红、白糖、熟猪油、熟面粉和匀成芝麻白糖馅。

（4）制坯 将烫面与干面混合揉匀，下成 20 个剂，逐一按扁，擀成"牛舌形"，抹上一层炒酥，然后由外向里卷成筒状，用刀从中间切成两段，每段的两头压在中间，再按成圆皮，包上馅心，捏拢封口，压成"苹果形"饼状，封口向下。

（5）油炸 平锅置小火上，下花生油烧至四成热，将饼坯逐个由锅边向中间，封口向下摆好，慢慢浸炸至底部发起酥时翻个，边炸边舀锅中热油淋泼饼面，待饼浮至油面时，沥去炸油。

（6）冷却、包装 经冷却后包装即为成品。

十一、菊花酥

1. 原料配方

（1）面团料 面粉 29kg，鸡蛋 15kg，碳酸氢铵 350g，水 6.5kg。

（2）挂浆料 白砂糖 10kg，化学稀 2kg。

（3）装饰料 白砂糖粉 1kg，食用色素适量。

（4）扑面面粉 1kg。

（5）炸油（植物油）12kg。

2. 工艺流程

备料→和面→成型→油炸→挂浆→冷却→包装→成品

3. 操作要点

（1）和面 将面粉过筛后，置于操作台上，围成圈。把鸡蛋用清水洗净磕入容器内，搅打充气后，投入面圈内。同时加入适量的水和已溶化的碳酸氢铵，搅拌均匀，加入面粉，调成软硬适宜的筋性面团。分成每块 1.5～2kg 揉和，至表面光滑，内部无面节为止，饧发。

（2）成型 取一块饧好的面团，擀成厚 0.3cm、宽 36cm 的长方形薄片。以规格的木尺，用刀分别切成宽 9cm、8cm、7cm、

6cm、5cm 的长条，从大到小依次塔形摆起，然后用刀切成 0.3cm 的小条，每切 5～6 条为一组。用筷子在中间夹住，抖一抖，使条分开成菊花瓣状，用手指摁压当中，抽出筷子，即为生坯。

（3）油炸　油烧至 155℃时，将生坯用筷子夹住，投入锅内晃动炸制。待制品呈黄白色，熟透夹出，摆在提篮上，准备挂浆。

（4）挂浆　将糖浆熬至 112℃时，投入化学稀，再熬至 112℃时，撤离火源，均匀地浇在制品表面。控干冷却，然后将白砂糖粉少量掺入色素，捏于花瓣中间。

（5）包装　略晾后包装即为成品。

十二、小麦酥

1. 原料配方

（1）皮　小麦粉 500g，白砂糖 150g，葵花籽油 150g，大豆分离蛋白 105g，碳酸氢铵 5g。

（2）馅　熟面 125g，白砂糖 30g，葵花籽油 100g，花生仁和芝麻仁共 150g，任何一种杂粮粉 25g，维生素 E 27.5mg。

2. 工艺流程

混合→和面→制坯→烘烤→冷却→包装→成品

3. 操作要点

（1）混合　按皮的配方在和面机内先加白砂糖、大豆分离蛋白和适量的水，混匀后再加入葵花籽油，充分混匀后加入面粉进行混合。

（2）和面　混匀后取出揉成面团。

（3）制坯　将面团搓成长条，分成小块，压平，包上已经混好的馅压平，放入烤盘内，以大豆分离蛋白和白砂糖按 10∶1 的比例混匀，刷在表面。

（4）烘烤　在 180℃温度下，烘烤 10min 取出。

（5）包装　经冷却、包装即为成品。

十三、核桃酥

1. 原料配方

面粉 28.5kg，白砂糖粉、植物油各 11.25kg，核桃仁 2.75kg，桂花 500g，碳酸氢铵 400g，水 3.25kg。

2. 工艺流程

备料→和面→成型→烘烤→冷却→包装→成品

3. 操作要点

（1）和面 面粉过筛后，置于操作台上，围成圈。把白砂糖粉、核桃仁、桂花、碳酸氢铵及适量的水依次投入，搅拌使其溶化，再将油投入，充分搅拌乳化后，迅速加入面粉，调成软硬适宜松散状的面团。

（2）成型 将和好的面团，压入带有"桃酥"字样的圆模内。压实摁严后，用刀削平，震动后磕出。找好距离，摆入烤盘，准备烘烤。

（3）烘烤 调好炉温，将摆好生坯的烤盘送入炉内，用中火烘烤。烤成谷黄色，色泽一致，熟透即可出炉。

（4）包装 晾凉后包装即为成品。

十四、杏仁酥

1. 原料配方

面粉 26.5kg，白砂糖、食油各 14.5kg，发粉 125g，鸡蛋 2kg，杏仁 880g。

2. 工艺流程

备料→和面→成型→烘烤→冷却→包装→成品

3. 操作要点

（1）和面 将面粉放入蒸锅上蒸 1h，与白砂糖、食油、鸡蛋、发粉、杏仁拌和，置入和面机内，加适量温水调制成软硬适中的面团。

（2）成型 将面团分成大小适中的小料，用木模印成生坯。

（3）烘烤、将生坯入烤盘，送入 220℃；炉内烤 2～5min，金黄色即可冷却。

（4）包装 晾凉后包装即为成品。

十五、奶油浪花酥

1. 原料配方

（1）面糊料 面粉 21kg，熟面粉 7kg，奶油 12kg，白砂糖粉

13kg，鸡蛋 3.5kg，香兰素 15g，碳酸氢铵 50g，水 4.5kg

（2）果酱点料　苹果酱 1kg，食用红色素 0.05g。

2. 工艺流程

备料→制面糊→成型→烘烤→冷却→包装→成品

3. 操作要点

（1）制面糊　将奶油放在容器内（锅或盆，亦可用立式搅拌机调制），用木搅板进行搅拌（冬季需将奶油加温使其稍熔软），边搅拌边将白砂糖粉、鸡蛋、香兰素陆续加入，搅拌呈均匀的乳白微黄色，然后把水分数次搅入（碳酸氢铵溶化于水内），再搅拌混合均匀，投入面粉拌和成面糊。

（2）成型　将面糊装入带有花嘴的挤糊袋内（花嘴为八个花瓣，口径 1～1.3cm），在干净的烤盘上，找好距离，挤成浪花形，在点心坯尾部花朵处中间，挤一红色苹果酱点，即为浪花酥生坯。

（3）烘烤　调整好炉温，用中火烘烤，待点心表面花棱呈浅黄色，花棱间为白色，底面为浅金黄色，熟透后出炉。

（4）包装　晾凉后包装即为成品。

十六、奶油巧克力蛋黄酥

1. 原料配方

（1）制糊料　面粉 16kg，白砂糖粉、奶油各 10kg，鸡蛋 9kg，香兰素 15g。

（2）黏合果酱苹果酱 8kg。

（3）粘表面料　白砂糖 8kg，可可粉 250g。

2. 工艺流程

备料→制面糊→成型→烘烤→黏合→包装→成品

3. 操作要点

（1）制面糊　先将奶油放入容器内（如果奶油凝固性大，应砸软或稍加热熔软），用木搅板进行搅拌至起发无凝固块，加入白砂糖粉、香兰素继续搅拌起发均匀，将鸡蛋液分次投入，经充分搅拌，起发均匀，加入面粉拌和成面糊。

（2）成型　将面糊装入带有圆嘴的挤糊袋内（圆嘴口径约

1cm)，向铺纸的烤盘上找好距离挤成长约 5cm 的馒头圆状长条形，挤满盘后入炉烘烤。

（3）烘烤　调整好炉温，用中火烤至表面浅黄色，底面浅金黄色，熟后出炉，趁热将点心从纸上抖落，冷却以待黏合装饰。

（4）黏合及粘可可砂糖　将点心熟坯，两个为一组底对底用果酱黏合，在点心的一角斜粘挂上已溶化好的可可砂糖液，待砂糖液凝固即成。

（5）包装　包装即为成品。

十七、六瓣酥

1. 原料配方

（1）皮料　面粉 11.5kg，白砂糖粉 750g，植物油 1.5kg，温水（30～50℃）6.75kg。

（2）酥料　面粉 9kg，植物油 4kg。

（3）馅料　熟面粉、植物油、饴糖各 2kg，白砂糖粉 4kg，点心屑 10kg，大葱 2.5kg，精盐 200g，花椒面 125g。

（4）饰面料　扑面粉 1kg，刷面鸡蛋 750g。

2. 工艺流程

备料→制皮面→调酥→制馅→成型→烘烤→冷却→包装→成品

3. 操作要点

（1）制皮面　面粉过筛后置于操作台上，围成圈，投入白砂糖粉，加入温水使其溶化。再投入植物油，搅拌呈乳化状，和入面粉。混合均匀后，用温水浸扎一两次，揉和调成软硬适宜的筋性面团。分成每块 1.9kg 饧发。

（2）调酥　面粉过筛后置于操作台上，围成圈，加入植物油擦成软硬适宜的油酥性面团。分成每块 1.3kg 备用。

（3）制馅　将糕屑挑选，清除杂质，粉碎后与拌好糖粉的熟面粉炒拌均匀。过筛后置于操作台上，围成圈，投入植物油、饴糖、大葱碎块（青葱屑也可）、精盐和花椒面，搅拌均匀再和入点心屑擦匀，软硬适宜。分成每块 2.1kg，各打 100 小块。

（4）成型　取一块饧好的皮面，擀成中间厚的圆饼，上面放一块油酥，用水皮将油酥包严，用走锤擀成厚 0.3cm 的长方形薄片。可根据情况卷成长条，下剂拍成圆饼，将馅包入，成馒圆形。然后在表面用刀切交叉形 3 刀，呈均匀的六瓣状，表面刷上鸡蛋液，找好距离，摆入烤盘，准备烘烤。按成品每千克 20 块取量。

（5）烘烤   调好炉温、底火略大，将摆好生坯的烤盘送入炉内，用稳火烘烤（炉温 160～180℃），烘烤 10～12min。烤成表面金黄色，底面红褐色，熟透出炉。

（6）包装   冷却后包装即为成品。

十八、开口笑

1．原料配方（成品 100kg）

标准面粉 50kg，红糖 22.5kg，饴糖 5kg，小苏打 200g，食用油（用于油炸）40kg，芝麻（粘面粉）8kg，水 5kg。

2．工艺流程

备料→和面→擀片→制坯→油炸→出锅→冷却→包装→成品

3．操作要点

（1）和面   按照配方，先将红糖、水、饴糖、小苏打混合搅拌均匀后，加入面粉搅拌成面团。

（2）制坯   然后将面团分成小块，并将小块揉搓成直径为 2cm 的球体，接着倒入盛有经洗涤后的湿芝麻箩筐内，并摇动箩筐，使其粘麻，做成生坯。

（3）油炸   将生坯倒入温度为 160℃ 左右的油锅内；倒入后不要搅动，等待生坯上浮时再慢慢搅动。

（4）出锅   待炸出裂口后，再翻身使其表面呈金黄色，即可捞出，淋去外表油滴。

（5）包装   经冷却后包装即为成品。

十九、排叉

1．原料配方

（1）咸排叉

① 配方 1   面粉 31kg，花生油 4kg，精盐 1.25kg，芝麻 2kg，

清水 5.4kg,炸油 18kg。

② 配方 2 面粉 10kg,植物油 500g,黑芝麻 380g,清水 3.5kg,炸油 4.5kg(实耗)。

③ 配方 3 面粉 7.5kg,精盐 150g,黑芝麻 600g,花椒粉 25g,碳酸氢铵 60g,扑面粉 500g,清水 4kg。

(2)甜排叉 面粉 6kg,白砂糖 1.2kg,花生油 900g,芝麻 600g,炸油 3kg。

(3)姜汁排叉 面粉 3.8kg,花生油 300g,清水 1.3~1.5kg,白砂糖、饴糖各 2kg,蜂蜜 400g,桂花、鲜姜(制姜汁用)各 100g,植物油 1.8kg(实耗)。

(4)姜丝排叉 面粉、白砂糖各 3kg,鲜姜丝 150g,麦芽糖、玉米粉(扑面)600g,清水 1.2kg。

2. 工艺流程

备料→和面→擀皮→折叠→成型→油炸→挂糖浆→冷却→包装→成品

3. 操作要点

(1)和面 将面粉和各种辅料加水混合,制成柔软适宜的筋性面团。盖上湿布饧面 20min 左右。

(2)擀皮 将面团适当分块后,用擀面杖擀成厚 0.25cm 的薄皮(有些地区擀成厚 0.1cm)。

(3)折叠 将面杖上的面皮边放边折叠(有的将面皮叠成四层,中间刷油)。

(4)成型 将折条切成 5cm 小段,放开,七八张一叠,散开切 12cm 条。及时将每片分开,一片片对折起来,用锋利薄刀在中间切三刀,速度要快。然后放开翻套成一定图案形(各地切片大小不一,翻套也各有技巧)即为生坯。

(5)油炸 油温升到 140~170℃进行油炸,呈金黄色后出锅冷却。

(6)挂糖浆 姜汁排叉和姜丝排叉要挂糖。将白砂糖和饴糖加水熬到拔丝,加入姜汁拌匀后将排叉逐个粘糖即可。姜丝排叉的姜丝在和面时直接加入,故糖浆中无姜味。

（7）包装　晾凉后包装即为成品。

二十、翠绿龙珠

1. 原料配方

面粉 1kg，饴糖 1250g，花生油 125g，苏打粉 3.6g，蜂蜜 250g，绵白糖 300g，清水 500g，玫瑰糖 50g，炸油 1500g（实耗 300g）。

2. 工艺流程

备料→和面→成型→制糖浆→制色糖→油炸→挂浆→冷却→包装→成品

3. 操作要点

（1）和面　将面粉、苏打粉一起过筛，在案上开窝放入饴糖 450g、花生油 125g、清水 150g。先用手将稀料搅拌均匀，然后再将面粉徐徐加入，将面粉全部下完后，轻揉成团即可放一旁饧置。

（2）成型　将饧好的面团用面杖擀成厚 1cm 的片，再用刀切成宽 1cm 的条，然后再将条切成方块待炸。

（3）制糖浆　将洁净的锅坐在火上，放入清水 350g、饴糖 800g 及蜂蜜、玫瑰糖混合均匀后，煮沸即可。

（4）制色糖　将食用柠檬黄、靛蓝调制成绿色，再将白糖加入食用绿色调成绿色糖。

（5）油炸　将洁净的锅坐在火上，倒入炸油，油烧到六成热时，下入切好的方块生坯，用铁铲不断地搅动，炸成金黄色即熟。

（6）挂浆　将炸熟的成品用漏勺捞出，倒在糖浆锅内，稍蘸糖汁立即捞出，倒在绿色糖内滚粘均匀即成。

（7）包装　晾凉后包装即为成品。

二十一、托果

1. 原料配方

面粉 31kg，白砂糖粉 24.5kg，植物油 9kg，桂花 500g，碳酸氢铵 350g，水 5kg。

2. 工艺流程

备料→和面→成型→烘烤→冷却→包装→成品

3. 操作要点

（1）和面　面粉过筛后，置于操作台上，围成圈。将糖粉、桂花、碳酸氢铵和适量的水投入，搅拌使其溶化，再将油投入，充分搅拌。乳化后，加入面粉，调成软硬适宜的酥性面团。

（2）成型　将和好的面团压入两端扇面状的特制模内。压实摁严，用刀削平，振动出模。找好距离，摆入烤盘，准备烘烤。

（3）烘烤　调好炉温，将摆好生坯的烤盘送入炉内，用中火烘烤。烤成红黄色，熟透出炉。

（4）包装　晾凉后包装即为成品。

二十二、大方果

1. 原料配方

（1）坯料　面粉32kg，白砂糖粉13kg，花生油9kg，碳酸氢铵250g。

（2）饰面料　扑面粉500g，刷面鸡蛋1.5kg，芝麻1kg。

2. 工艺流程

备料→和面→成型→烘烤→冷却→包装→成品

3. 操作要点

（1）和面　面粉过筛后置于操作台上围成圈，投入白砂糖粉、碳酸氢铵及适量清水，搅拌溶化后加入花生油，充分搅拌乳化后迅速加入面粉，调成松散的酥性面团。

（2）成型　将操作台板扫净，放上四方木框，把和好的面团平铺在框内，厚约0.7cm，用走锤压平，擀光。以规格的木尺用刀切成4cm×4cm的正方形。表面均匀地刷上鸡蛋液，稀稀撒上芝麻，略晾后找好距离，摆入烤盘，准备烘烤。

（3）烘烤　调好炉温，将摆好生坯的烤盘送入炉内，用中火烘烤（180～200℃）。烤成红黄色，熟透出炉。

（4）包装　冷却后包装即为成品。

二十三、杏仁角

1. 原料配方

（1）酥皮料　面粉23.2kg，白砂糖粉、熟猪油各9.3kg，饴糖 3.5kg，鸡蛋 2.3kg，小苏打 175g，杏仁香精 50mL。

（2）水皮料　面粉 2.3kg，饴糖 250g，猪油 500g，清水 0.8～1kg。

（3）饰面料　杏仁屑 500g。

2. 工艺流程

备料→制酥皮面→制水皮面→成型→烘烤→冷却→包装→成品

3. 操作要点

（1）制酥皮面　面粉过筛后置于台板上围成圈，中间加入白砂糖粉、熟猪油、饴糖、鸡蛋液、小苏打和香精，搅拌均匀后慢慢和入面粉，推搓揉成酥皮面。

（2）制水皮面　面粉与水、饴糖、猪油混合后，揉制成软硬适宜的光滑水面团。

（3）成型　先将酥皮团擀压成薄面片，厚约 0.7cm；另将水面团也擀压成薄面皮，其面积与酥面片相同，厚度要更薄些。两块面皮压好后，将水皮覆盖在酥皮上，再均匀地撒上碎杏仁屑，稍按实后用金属制的弯月形扞筒扞制成坯，即为杏仁角生坯。

（4）烘烤　生坯摆入烤盘，入炉烘烤，炉温控制在 140～170℃，烘烤 8～12min 即成。

（5）冷却、包装　冷却后包装即为成品。

二十四、奶油小白片

1. 原料配方

面粉 20.5kg，奶油 17.25kg，白砂糖粉 17.25kg，鸡蛋清 10.25kg，香兰素 30g。

2. 工艺流程

备料→调制面糊→成型→烘烤→冷却→包装→成品

3. 操作要点

（1）调制面糊　奶油置于容器内，用木搅拌桨进行搅拌，搅拌至无凝块（冬季奶油凝固性大，可稍加温，或砸搓使其变软），投入香兰素陆续加入白砂糖粉搅到起发，呈乳白色后分次加入鸡蛋清，搅打混合均匀投入面粉，拌匀即成面糊。

（2）成型　将面糊装入带有圆嘴（口径约 1.3cm）的挤糊袋内，在干净并已擦油的烤盘上挤成馒圆饼形，挤时要找好距离，以防入炉摊片时粘连。挤满盘后入炉烘烤。按成品每千克 160 块取量。

（3）烘烤　用慢火烤（底火应高于上火），待表面乳白色，周边金色圆圈，底面金黄色，熟后即可出炉。

（4）包装　冷却后码装于小盒内，层层垫纸（防止破碎）即为成品。

第四节　玉米休闲食品

一、玉米花

爆裂玉米是爆玉米花的专用玉米，它可被加工成数十种风味的玉米花。其加工技术简单，易于操作，既可用机器生产，又可在家中简易制作。

1. 原料配方

以砂糖、食油为主，砂糖、食油、玉米比例以 1：1：5 为宜，根据个人喜爱，还可加入奶油、巧克力、五香粉等多种调料，制成多种风味的玉米花。

（1）咸味玉米花　油脂 50%～60%，亲脂表面活性剂 7%～12%，水 5%～10%，盐 20%～30%。将玉米与乳料同时倒入锅内。玉米与所加乳料的比例为 100：（20～40）。

（2）甜味玉米花　油脂 15%～35%，水 8%～10%，糖 45%～70%，亲脂表面活性剂 6.5%～8%。玉米与乳料的比例为 100：50。

（3）奶酪玉米花　奶酪 20%～30%，表面活性剂 0.5%～5%，油脂 40%～60%，盐 8%～15%。玉米与乳料比例为 100：（70～80）。

（4）巧克力玉米花　可可粉 20%～30%，水 10%～20%，表面活性剂 1%～5%，油脂 40%～60%，盐 5%～8%。

2. 工艺流程

清洗→拌油→加热、拌糖→晃动→爆花→成品

3. 操作要点

(1) 清洗　玉米粒淘洗几遍，沥水晾干或用纸巾毛巾等擦干。

(2) 拌油　先将锅洗净烧干，再放入食油，拌匀，油量能全部沾满玉米粒即可。

(3) 加热、拌糖　油沸后投入玉米，中火加热。将玉米粒平铺在锅底，盖上锅盖，开中小火加热，在玉米尚未爆花时，将砂糖均匀地撒在玉米上，并用筷子搅拌均匀。

(4) 晃动　中途可以抬起锅，压紧锅盖，晃几下，使受热均匀。不一会儿便会听到锅里发出"嘭嘭"的爆裂声。

(5) 爆花　盖上锅盖不时晃动，使玉米在锅内充分运动，片刻就开始爆花。当仅有零星爆花声时，待锅中渐渐平静下来，就爆好了。

(6) 成品　爆好后，立即将玉米花倒入事先备好的器皿内，均匀淋洒白糖，用筷子翻拌均匀。冷却后便可食用或包装出售。

二、玉米花沾

1. 原料配方

爆裂玉米 350g，植物油 280g，糖或蜂蜜 630g，食用香料和食用色素适量。

2. 工艺流程

选料→熬糖浆→搅拌→冷却→包装

3. 操作要点

(1) 选料　将爆裂玉米中的石子、瘪粒、过小的籽粒清除。手拿干净的湿布在玉米粒中反复揉擦，除去尘沙等杂质。

(2) 熬糖浆　把植物油倒入锅内，稍加热，然后加糖或蜂蜜，边加入边搅拌，使糖迅速溶化于油中，温度保持在 190～200℃。

(3) 搅拌　将爆裂玉米倒入糖浆中，一边加入一边搅拌，使温度仍维持在 200℃，3min 后玉米粒爆裂并随之挂上糖浆。

(4) 冷却、包装　爆裂玉米出锅晾凉，即可用塑料袋密封包装。

三、玉米果

1. 原料及配方

(1) 果味玉米果　膨化玉米 10.0kg，糖液 8.0L，食盐 0.2kg，食用香精 200.0mL。

(2) 怪味玉米果　膨化玉米 10.0kg，味精 0.03kg，糖液 8.0L，熟芝麻 0.3kg，食盐 0.3kg，辣椒面 0.1kg，花椒 0.3kg，五香粉 0.2kg，姜粉适量。

2. 工艺流程

原料挑选→膨化→挑选分级→拌料（加入熬糖）→烘烤→冷却→包装→称量→封口→成品

3. 操作要点

(1) 原料挑选　选出霉烂玉米及杂质。

(2) 膨化　选用外加热式膨化机（即简易爆米花机），将适量玉米（视机器容量而定）装入机膛内，扣紧封闭压力开关，迅速加热升温，机膛内温度达到 150～180℃，转动机身，转速 60～80 r/min，使机膛内产生一定的压力，随着温度的提高，压力也逐渐增大，3～5min 内，压力达到 700～800kPa 时，马上停止加热，缓慢打开压力开关，逐渐降压，直到压力为零，将膨化好的玉米果倒入容器待用。

(3) 挑选分级　选出焦煳、未膨化等不合格的玉米果，并按颗粒大小进行分级，一级 1.5～2cm，二级 1～1.5cm，三级小于 1cm。

(4) 熬糖　按 10kg 白糖、20kg 水的比例，先加水入锅，随即加白糖，加热搅拌溶化，煮沸保持 15min，撇去泡沫，所得糖液冷却待用。

(5) 拌料　按配方先将各种辅料拌匀，再倒入玉米果与辅料拌匀。

(6) 烘烤　将拌匀的玉米果迅速捞起，放入烤盘中摊平，于烤箱中烘烤。烘烤时，先将烤炉温度升至 150℃，再放入玉米果恒温烘烤，烘烤时间为 30min，烘烤过程中，要用木铲或木勺翻动玉米果 3～4 次，第 1 次要在烘烤 10～15min 后翻动，后续的翻动视实际情况而定。注意不要剧烈翻动，以免物料破碎或被翻烂。

（7）冷却　烘烤好的玉米果出炉后，用木铲及时翻动，以免黏结，并倒入容器中冷却。

（8）包装称量　将烤煳、变形的次品剔出，用复合塑料食品包装袋称量密封包装，即为成品。

四、玉金酥

1. 原料配方

（1）玉米粉 70％，小米粉 30％。

（2）调味料

① 海鲜味　味精 20％，花椒粉 2％，盐 78％。

② 麻辣味　辣椒粉 30％，胡椒粉 4％，味精 3％，五香粉13％，精盐 50％。

③ 孜然味　盐 60％，花椒粉 9％，孜然 28％，姜粉 3％。

2. 工艺流程

玉米粉、小米粉→混合→润水搅拌→挤压→风干→切段→晒干→油炸→调味→包装→成品

3. 操作要点

（1）混合　将粉料按配方充分混合、搅拌，在搅拌过程中，加入 36％～40％的水，拌匀，加水量可根据季节而变化。

（2）挤压　先用湿料试机，待机器运转正常后，再加入原料。从机器中挤出的半成品，完全熟化，但不膨化。若有膨化现象，说明原料过干，需加水调湿。

（3）切段　挤出后的条子用竹竿挑起，晾晒至不互相粘连。切段为 3cm×2cm，晒干。

（4）油炸　油温控制在 70～80℃，不宜过高。将晒干的半成品倒入油锅内，待完全膨化后，立即捞出。

（5）调味　炸好的玉金酥趁热边搅拌边撒入调味料，使其均匀地黏附在成品表面。

五、玉米香酥豆

1. 原料配方

(1) 主料 玉米若干。

(2) 辅料 色拉油 3kg，净化水、肉桂、茴香、良姜、丁香、白砂糖等适量，$NaHSO_3$ 10g。

2. 工艺流程

玉米粒→选料→浸泡→漂洗→蒸煮（调味）→冷冻→油炸→脱油→挂浆→检验→包装→成品

3. 操作要点

(1) 选料 选择颗粒饱满、无虫蛀、无霉变的玉米粒，并除去杂质。

(2) 浸泡 水面高于玉米粒面 5cm。$NaHSO_3$ 浸泡液浓度 0.4%，浸泡时间 24h。

(3) 漂洗 用净化水反复洗涤至 pH 值为 7。

(4) 蒸煮（调味） 使用高压灭菌锅加水蒸煮，加压至 117.7kPa，可在此步添加各种香料，从而制备出多种口味的成品。

(5) 冷冻 置于 −24℃ 的冰柜内 24～48h。

(6) 油炸 使用油炸控温锅，油炸温度 150℃，直接油炸冷冻过的玉米。

(7) 脱油 使用离心机脱去表面浮油。

六、玉米膨化果

1. 原料配方（虾味）

玉米糁 500g，黑米 500g，白糖 20g，精盐 20g，虾粉 60g，奶粉少许。

2. 工艺流程

原料混合→润水→膨化→冷却→切段→烘烤→冷却→称重→包装→成品

3. 操作要点

(1) 原料混合 将所有原料按照配方比例投入料斗中混合并搅

拌均匀。

（2）润水　可根据物料干燥程度给予润水并且放置 2h，以便均匀吸水。使用的膨化机要求物料含水量达到 12％左右。

原料中的水分在适当水平时，可使挤压过程中有利于淀粉质的溶胀，同时在机内起了一定润滑作用。而含水量过低会导致原料滞留时间缩短，降低膨化度，甚至出现不膨化、产品发白、有硬块；而含水量过高时，不但不利于产品储藏，而且会使模具头与套筒间的摩擦作用减小，剪切力降低，影响淀粉的糊化、溶胀。

（3）膨化　使膨化机温度控制在 140℃，螺杆转速为 432r/min。然后先投入一部分含水量稍高一些的物料作为引料，待机器进入运转正常时，再投入原料。同时注意控制进料的速度。

（4）冷却　将膨化后的制品在室温下冷却后，切成每段长 4cm 的段。

（5）烘烤　将冷却、切段后的制品放在烤盘上摊匀放入烤炉中，炉温控制在 170℃左右，烘烤时间为 3min 左右。烘烤的目的是，一方面在烘烤过程中产生一些风味物质，另一方面通过烘烤可使产品水分含量达到 3％～5％，稳定产品的储藏性。

（6）包装　将经过烘烤后的产品进行冷却，然后经过称重进行包装即为成品。

七、炸鲜玉米球

1. 原料配方

鲜玉米棒 500g，鸡蛋 2 个，牛奶 1 瓶，精面粉 250g，黄油 25，发酵粉 6g，白糖适量，植物油 500g（实耗 150g）。

2. 工艺流程

原料预处理→调配→搅拌→加热→成品

3. 操作要点

（1）原料预处理　将鲜玉米棒洗净，加水煮熟，剥下玉米粒，用食品粉碎机制成泥状。

（2）调配　将黄油打散，搅打加入白糖与鸡蛋液，一起调入面粉中，并分次调入牛奶，制成薄面糊，加入发酵粉调匀。

（3）搅拌 将玉米泥拌入面糊中，成玉米面糊。

（4）加热 将炒锅置火上，放入植物油，烧至四成热，左手抓起玉米面糊，从拇指与食指中挤出成形，右手取小汤匙把玉米糊刮起，投入温油中，用小火炸至呈金黄色上浮，捞起沥油装盘。

（5）成品 面糊要搅匀。炸时油温不能高，火候不宜过旺。

八、玉米脆片

1. 原料配方

玉米 2kg，大米 1kg，食用调和油 30g，鸡蛋 2 个，盐 150g。

2. 工艺流程

大米→去杂

玉米→去杂、除病粒→脱皮护胚→磨粉→加水搅拌→加品质改良剂→
成品←装袋←剪切←出料←膨化←加油←加水←

3. 操作要点

（1）去杂、去病粒 干法脱皮之前先拣出石子及破损、坏仁的玉米，可以提高玉米粒磨面的营养性、安全性，并可以有效保护机器的正常运行。

（2）玉米脱皮护胚 玉米脱皮护胚可以有效提高面粉的营养性、蒸煮性。

（3）磨粉 玉米粉易于消化吸收，具有可塑性，可以根据自己的喜好制成各式各样的方便食品。玉米粉、大米粉加水揉和后具有一定的延展性，也就是说含有一定量的湿面筋。

（4）加品质改良剂 将制备好的混合粉依次加入鸡蛋、食盐等品质改良剂，以提高面粉的弹性、筋道、拉力、爽滑性、凝固性及糊化率。食盐添加量为 5%。

（5）加水 加入适量的冷水，让上述面粉吸水融合，这样制得的产品才能令人满意。

（6）加油 在加入品质改良剂的混合粉中滴加 1% 的食用调和油，以使膨化出的玉米脆片色泽亮丽，含水量适中，适当延长保质期。

（7）膨化 湿面团经膨化后，结构、风味、颜色均有所改变。

它的直接优点是食用方便，便于贮存，不易回生，营养价值有所提高。

（8）出料、剪切　成型的产品由于热、压力、动力的作用，出料后剪为小段会有所变形，呈微扭曲状。通过剪切的产品易食用，易装袋保存。

九、甜玉米脆片

1. 原料与配方

甜玉米渣（湿重）65%，面粉27%，砂糖6%～7%，发酵粉1.8%，松化剂0.02%，植物油少量。

2. 工艺流程

甜玉米取汁后的渣→磨碎→混合→压片→切片→烘烤（120℃，30min)→涂油→红外线或微波烘烤→冷却→包装→成品

3. 操作要点

（1）磨碎　甜玉米取汁后的湿渣比较粗糙，不易混合和切片，致使产品表面粗糙没有光泽，影响外观和口感，故要用碾磨机把玉米渣磨得比较细腻。

（2）混合　按上述配方通过和面机调和均匀。由于甜玉米中蛋白质含量只有10%左右，其中谷蛋白占40%，因此面筋性蛋白远远不够，没有韧性和弹性，比较松散，必须加入一些面筋性蛋白丰富的面粉，但加入的面粉不能太多，否则会减弱产品的甜玉米香味。甜玉米本身有特殊的甜香味，适当加6%的砂糖可突出甜玉米的甜香味。发酵粉的成分主要是明矾、小苏打、碳酸钙等的复配物，在较高的温度下分解出CO_2从而使产品疏松。加入的松化剂不仅可使脆片疏松，口感舒松，而且使它成形性好，成品光泽度增加。混合时要控制好水分，以不粘手、容易压片为准。

（3）压片、切片　通过压片机把面团压成2mm厚度的薄片，再切成1.5mm×40mm长方形的薄片待烘烤。

（4）烘烤　把切好的薄片放在托盘上用热风干燥箱干燥，其间最好翻动1～2次，也可用远红外线干燥器烘烤。为了保证产品在

烘烤后具有甜玉米浓郁的香味，烘烤温度至关重要，既要使淀粉完全糊化熟透，又要使它疏松，采用 120℃烘烤 30min 左右最佳，可使产品保留甜玉米较浓的香味，没有生粉味，又不易焦化，保持产品的金黄色。

（5）涂油　第一次烘烤后的产品表面比较粗糙，没有光泽，为此在表面涂上一层植物油，保护产品表面有一定水分，使表面有光泽。涂油后过微波或红外线，在 120℃条件下 1～1.5min 就可使产品由原来的浅黄色变成有光泽的金黄色，且有焦香味，更酥脆可口。

十、黑芝麻玉米片

1. 原料配方

玉米 8kg，黑芝麻 2kg，植物油 10kg，调味料适量。明矾、碳酸钠、泡打粉组成软化剂和脱臭剂，根据原料酌情使用。

2. 工艺流程

黑芝麻→精选→洗净晒干(烘干)

玉米→选料→脱皮→浸泡→水洗→蒸熟→压片→切片→
成品←包装←拌调料←油炸←

3. 操作要点

（1）选料、脱皮、浸泡　选择新鲜优质玉米去杂脱皮，在有软化剂、脱臭剂的水溶液中浸泡 12h，取出洗 3～4 遍，蒸 40min。

（2）精选、洗净晒干　选择饱满的黑芝麻，除去杂质，洗净（3～4 遍），晒干或烘干。

（3）压片　将蒸熟后降至常温的玉米在压面机上碾压 6～7 次，然后混入黑芝麻，压成 1.5～2mm 厚的整片。也可或切成其他形状。

（4）油炸　压片后将植物油烧沸，放入油炸 5min 后捞出。

（5）拌调料　油炸后稍冷的玉米片喷洒调味料，拌匀。调味料由小磨香油、食盐、味精等组成。

（6）包装、成品　加好调味料的玉米片冷却至常温，整形，包装封口即为成品。

十一、玉米糕

1. 原料配方

鲜玉米浆 80%，白砂糖 18%，果胶 2%。

2. 工艺流程

选料→预煮→脱粒→磨浆→真空浓缩→配料→成型→干燥脱水→包装→成品

3. 操作要点

（1）选料　选用成熟度好、未老化、颗粒饱满的优质糯玉米品种。

（2）预煮　将选好的玉米穗剥去外表皮，用水清洗干净，去掉玉米须，然后在沸水中煮沸大约 0.5h，待玉米蛋白质凝固后取出备用。

（3）脱粒　煮好的玉米穗冷却后即可进行脱粒，脱粒时注意不要将玉米棒上的杂质带入。玉米煮熟后，即使籽粒破裂也不会使玉米蛋白质外溢。

（4）磨浆　脱下的玉米粒剔除杂质，加入 1 倍的水，在蒸煮锅中再次煮沸，并用慢火焖 0.5～1.0h，待玉米充分软烂，然后将其与煮液一起进行磨浆。磨浆机可自动过滤分离，滤网选用 80～100 目。磨浆时原料须保持一定的温度，温度过低将影响磨浆的分离效果。

（5）真空浓缩　将磨好的玉米浆打入负压浓缩罐中进行浓缩，浓缩温度控制在 60℃左右，真空度为 0.09MPa，并开动搅拌机不断搅拌，待固形物达 60%左右时即可出锅待用。

（6）配料、成型　浓缩后的玉米浆，按配方加入白砂糖和果胶，在配料缸中充分搅拌均匀，温度控制在 60℃左右。若温度过低，不但会使原料难以与水融合，而且影响成型。成型时为了防止粘连，在机器的接触部位可涂抹一定量的玉米油。可根据所需规格成型，待冷却后有一定弹性时，再进行下一步操作。

（7）干燥脱水　刚成型的玉米糕含水量较高，难以达到应有的保质期，还需进一步脱水。脱水时将成品摆入不锈钢盘中，应单粒摆放防止粘连。脱水温度在 50℃：左右，注意通风排湿，否则产品颜色变暗。待产品含水量下降到 20％即可出箱，冷却后即为成品。

（8）包装　用透明包装物密封包装，注意卫生，防止污染。

十二、蛋黄玉米酥饼

1. 原料配方

鲜玉米浆 83％，蛋黄 5％，白砂糖 10％，淀粉 2％，疏松剂适量。

2. 工艺流程

选料→脱粒→蒸煮→磨浆→真空浓缩→配料→挤压成型→微波烘烤→成品

3. 操作要点

（1）选料　选用颜色金黄、含糖量高、汁液多、口感滑嫩并带有一定糯性，成熟度不过老也不过嫩的优质鲜食玉米品种为原料。

（2）脱粒　采用人工方法剥去玉米穗外皮，去掉玉米须，将玉米粒从玉米棒上剥下来，剥时注意防止玉米粒破碎。然后除去杂质，并用温开水清洗干净。

（3）蒸煮　清洗干净的玉米粒加入大约 1 倍的清水，在蒸煮锅中先用大火煮沸，然后用小火慢慢焖煮，时间大约 1h。其间须不断上下翻动，若缺水，可补 1 次水，但最好一次性将水加足，注意水不可过量。

（4）磨浆　磨浆采用过滤去渣一体化磨浆机，滤网要求 80～100 目。进料时须将玉米粒和煮液混合，原料过干或过稀都将影响磨浆效果。

（5）真空浓缩　将磨好的玉米浆打入真空浓缩锅中浓缩。浓缩锅一般为圆底，玉米浆不可装得过满，温度保持在 65℃左右，真空度保持在 0.09MPa。浓缩时必须开动搅拌器不断搅拌，否则淀粉沉淀将导致粘锅和焦化。当固形物含量达 60％时，即为浓缩终点，便可出锅。注意不可高温浓缩，否则将造成玉米饼颜色较深和营养损失较大。

（6）配料　先将浓缩好的玉米浆打入配料罐，然后按照配方将白砂糖溶化，鲜鸡蛋去掉蛋白后，用打蛋机打成立体糊沫状，再连同淀粉等辅料一同加入配料罐，搅拌均匀。搅拌温度应保持在60℃左右，搅拌转速为 100r/min。

（7）挤压成型　选用食品挤压成型袋，一般有圆形、五角形、三角形等花色样式，根据所需确定。可在烤盘上先涂上一层花生油。

（8）微波烘烤　将成型后的玉米饼推入烤箱中进行烘烤。微波烘烤不但加热均匀，缩短了烘烤时间，而且有一定的膨化作用，可使成品更加酥脆。烘烤温度需控制在 200℃左右，烘烤至半熟时，可在饼面上刷一层亮光液，以增加产品的色泽。待产品完全成熟，质感酥脆后即可出箱，自然冷却后包装为成品。

十三、低热干酪增香玉米卷

1. 原料配方

黄玉米粉 4kg，水 100g，羧甲基纤维素（CMC）1kg，食用油适量。

2. 工艺流程

调糊→蒸煮挤压制坯→烘焙→喷布→喷粉→冷却→包装→成品

3. 操作要点

（1）调糊　把黄玉米粉与水按 40:1 的比例放入螺旋叶片式混合器中搅拌预混合 10min，然后加入包覆微晶纤维素的 CMC，使 CMC 与玉米粉的比例为 1:4。把两者再混合 4min，制得面糊。

（2）蒸煮挤压制坯　把面糊以 1.13kg/min 的喂入速率加入单联螺旋蒸煮挤压机中，螺旋推进速度为 350r/min；然后再把附加水分续到其中，使全部含水量达到总重的 17%～18%。从喂入到结尾蒸煮挤压机夹层温度分为 30℃、50℃、65℃、80℃、90℃五个温带。挤压机出口处的压力为 $1.37 \times 10^4 kPa$，制得的挤压成型物最后经剪切系统切成食品坯。

（3）烘焙　把制得的食品坯放入鼓风烤箱内，在 145～150℃下烘焙 5min 后取出。烘焙后的食品坯不得有焦煳味，且水分含量低于 2%。

（4）喷布　将 35℃左右的熔化食用油或脂肪洒在食品坯的表面，使整个食品坯表面喷布的油量达到食品坯重的 7% 或再少一些。

（5）喷粉　喷布后再用粉剂干酪、盐和棉籽油或豆油的浆状物涂覆食品坯，即为成品玉米卷。

（6）冷却　将喷粉后的成品冷却到室温。

（7）包装　用塑料食品袋进行包装。

第五节　小米休闲食品

一、小米锅巴

1. 原料配方

（1）主要原料　小米 90kg，淀粉 10kg，奶粉 2kg。

（2）调味料

① 海鲜味　味精 20%，花椒粉 2%，盐 78%。

② 麻辣味　辣椒粉 30%，胡椒粉 4%，味精 3%，五香粉 13%，精盐 50%。

③ 孜然味　盐 60%，花椒粉 9%，孜然 28%，姜粉 3%。

2. 工艺流程

原料混合→加水搅拌→膨化→冷却→切段→油炸→调味→称量→包装→成品

3. 操作要点

（1）原料混合、加水搅拌　首先将小米磨成粉，再将粉料按配方在搅拌机内充分混合，在混合时要边搅拌边喷水，可根据实际情况加入约 30% 的水。在加水时，应缓慢加入，使其混合均匀成松散的湿粉。

（2）膨化　开机膨化前，先配些水分较多的米粉放入机器中，再开动机器，使湿料不膨化，容易通过出口。机器运转正常后，将混合好的物料放入螺旋膨化机内进行膨化。如果出料太膨松，说明加水量少，出来的料软、白、无弹性。如果出来的料不膨化，说明粉料中含水量多。要求出料呈半膨化状态，有弹性并具有熟面颜色，有均匀小孔。

（3）冷却、切段　将膨化出来的半成品晾几分钟，然后用刀切成所需要的长度。

（4）油炸　在油炸锅内装满油加热，当油温度为130～140℃时，放入切好的半成品，料层约厚3cm。下锅后将料打散，几分钟后打料有声响，便可出锅。由于油温较高，在出锅前为白色，放一段时间后变成黄白色。

（5）调味、称量、包装　当油炸好的锅巴出锅后，应趁热一边搅拌，一边加入各种调味料，使得调味料能均匀地撒在锅巴表面上。称量后包装，即为成品。

二、小米薄酥脆

1. 原料配方

小米熟料1000kg，糖7kg，玉米淀粉8kg，柠檬酸1.5kg，苦荞麦2kg，盐18kg，氢化脂（起酥剂）2.5kg，牛肉精7kg，二甲基吡嗪（增香剂）0.25kg，虾粉7kg，没食子酸丙酯（抗氧化剂）2.5kg，苦味素0.5kg，辣椒粉59.5kg，五香粉0.35kg，花椒粉45.5kg。

2. 工艺流程

选料→清洗→蒸煮→增黏→调味→压花切片→油炸→包装→成品

3. 操作要点

（1）选料、清洗　对原料进行清洗。挑选出石块、草梗、谷壳后，利用清水冲洗干净。

（2）蒸煮　将清洗干净的小米，以原料与水重量之比为1∶4的比例加水蒸煮。在压力锅内以0.15～0.16MPa的压力蒸煮15～20min。

（3）增黏　在熟化好的小米中加入复合淀粉混合均匀。熟化小米与复合淀粉重量之比为100∶1。复合淀粉是玉米淀粉和苦荞麦粉组成，其重量比为 4:1。

（4）调味 将调味料按配方的比例配合，与熟化的小米、淀粉混合，搅拌均匀。

（5）压花切片 压花用的模具能使小米片压成厚度基本上维持在 1mm 以下，局部加筋。筋的厚度为 1.5mm，宽度为 1mm，筋的间隔为 6mm。小米薄片用切片机切成 26mm 见方的片状，两端边成锯齿形。

（6）油炸 一般使用棕榈油，也可以用花生油和菜籽油。当油加热到冒少量青烟时放入薄片，油温应控制在 190℃，炸制 4min 左右出锅。

（7）包装 待油炸好的小米薄酥脆冷却后，再用铝箔聚乙烯复合袋密封包装，即为成品。

三、小米黑芝麻香酥片

1. 原料配方

小米粉 900g，黑芝麻 100g，起酥油、调味料（白糖、食盐、辣椒粉等）适量，"特香酥"适量。

2. 工艺流程

精选黑芝麻→原料处理→混合（再加入磨面小米）→调制面团→酥化处理→压片成型→切片→调味→烘烤→冷却→包装→成品

3. 操作要点

（1）原料处理 选用优质小米，用水淘洗干净再浸泡 2～3h，晾干，磨粉，过 80 目筛备用。选用优质黑芝麻，精选除去杂质和不饱满粒，用清水洗净，烘干或晒干备用。

（2）混合、调制面团 将处理好的小米粉和黑芝麻，按配方比例称取并混合均匀，投入搅拌机内搅拌混合均匀，再加入适量开水搅拌至无干粉，最后加入起酥油搅拌成软硬适中的面团。

（3）酥化处理 为使产品既香又酥，必须进行酥化处理。具体是在调制好的面团中加入适量"特香酥"并揉匀，静置几分钟。酥化处理的方法是根据小米的理化特性进行，酥化处理后可保证产品在保质期内具有脆、酥特点。

（4）压片成型、切片　面团酥化处理后，用压片机压制成厚0.15～0.5cm的整片，然后按一定规格切成方形或其他形状。

（5）调味　成型后，喷洒上不同风味的调味料，如盐、白糖、麻辣粉等，使其具有不同的风味。

（6）烘烤　拌好调味料后，放入预先升温至180℃的烤箱，烘烤4～6min，即可烤熟。

（7）冷却、包装　烤熟出炉，经过自然冷却，称量装袋，真空密封。

四、小米、豆粉营养饼干

1. 原料配方

小米粉20kg，豆粉2kg，玉米粉20kg，小麦粉30kg，白砂糖18.5kg，奶粉1.5kg，饴糖1.5kg，植物油5kg，水110L，小苏打0.3kg，碳酸氢铵0.15kg，香兰素8g。

2. 工艺流程

原、辅料预处理→调粉→辊轧→成型→烘烤→冷却→检验→包装→成品

3. 操作要点

（1）原、辅料预处理　选用去壳纯净的小米，先用水浸泡2～3h。晾干，用磨粉机磨粉，细度达80～100目，晾干备用。玉米剥皮制粉，过100目筛，小麦粉选用精制粉，过筛除杂。豆粉过100目筛备用。

（2）调粉　先将小米粉、豆粉、玉米粉、小麦粉投入搅拌机中搅拌混合均匀，再投入奶粉、白砂糖、香兰素、植物油、水搅拌均匀，然后加入饴糖搅拌几分钟，最后加入小苏打和碳酸氢铵，搅拌10min，即可调制好。

（3）辊轧、成型　将调制好的面团放入辊轧成型机，经辊轧成为厚度均匀、形态平整、表面光滑、质地细腻的面片，经饼干成型机制成各种形状的饼干坯。

（4）烘烤　将成型好的饼干坯，放入烘烤炉中，温度控制在250～300℃，面火、底火不超过300℃，烘烤10min左右。

（5）冷却、检验、包装 烘烤的饼干，经冷却输送机冷却后检验、包装即为成品。

五、小米"香酥脆"曲奇饼干

1. 原料配方

小麦粉 500g，小米粉 300g，白砂糖 225g，起酥油 175g，鲜鸡蛋 100g，奶粉 30g，碳酸氢铵、调味料适量。

2. 工艺流程

小米→选料→浸泡→粉碎→制粉→混合（加入小麦粉、奶粉）→面团调制（加入各种辅料调制）→成型→烘烤→冷却→检验→包装→成品

3. 操作要点

（1）选料 选择色泽良好，没有虫蛀、霉变的小米为原料，利用清水淘洗干净，去掉杂质。

（2）浸泡、粉碎、制粉 将小米用水浸泡 1～2h 取出后晾干，利用粉碎机进行粉碎，细度要求 80 目以上，晾干备用。由于小米淀粉易回生，且小米粉中不含面筋，小米粉面团的结合力和黏弹性较差，可塑性较大。因此，在小米粉中添加适量的小麦粉，比较适合制作小米酥性饼干。

（3）混合及面团调制 将小米粉、小麦粉、奶粉、白砂糖、奶粉、起酥油、鸡蛋等按照一定的比例依次倒入搅拌机中，搅拌均匀，然后加入碳酸氢铵、调味料等辅料，搅拌 10～15min。

（4）成型 将搅拌好的面团放入带有奶油裱花嘴的设备。采用挤压成型。

（5）烘烤 将成型后的饼干坯放入烤炉中，在 220℃的温度条件下烘烤 5～10min。

（6）冷却检验 将烘烤成熟的小米饼干从冷却链板的一端递到末端，剔除不符合要求的制品。

（7）包装 选择铝箔聚乙烯复合包装，每袋 80～90g，避免产品吸潮和油脂氧化。

六、小米酥卷

1. 原料配方

小米粉 150kg，白糖 35kg，鸡蛋 5.5kg，植物油 3kg。

2. 工艺流程

小米→原料选择→浸泡→磨浆→配料→搅拌→过滤→制卷→烘烤→冷却→包装→成品

3. 操作要点

（1）原料选择　选用新鲜纯净单一品种的小米，经初步除杂后进行碾米，出米率大约在 78% 左右。

（2）磨浆　将碾出的新米洗净，用与米等量的水浸泡 4h 左右，夏季时间可短些，冬季时间可长些。然后用胶体磨制浆，细度要求不低于 80 目，制浆时尽量少加水，以制得的浆液能从胶体磨内顺利流出为宜。

（3）配料　将米浆液、白糖、鸡蛋、植物油按配方比例加入搅拌机内，搅拌 10min 左右，调浆液浓度以达 24°Bé 左右为宜。

（4）制卷　上机前，对配好的浆液进行过滤，去除浆液中的小颗粒物，然后上机制卷。

（5）烘烤　将制成的小米卷，放入烘箱，控制温度在 200～220℃下进行烘烤，约烘烤 4～7min 即可。

（6）冷却、包装　烘烤成熟后出炉；自然冷却或吹冷风冷却后，检验后包装。

第六节　薯类休闲食品

一、复合马铃薯膨化条

1. 原料配方

马铃薯 55%，奶粉 4%，糯米粉 11%，玉米粉 14%，面粉 9%，白砂糖 4%，食盐 1.2%，番茄粉 1.5%，外用调味料适量。或将番茄粉换为五香粉 1.5% 或麻辣粉 1.3%。

2. 工艺流程

鲜马铃薯→选料→清洗→去皮→切片→柠檬酸钠溶液处理→蒸煮→揉碎→混合→老化→干燥（去除部分水分）→挤压膨化→调味→包装→成品

3. 操作要点

（1）选料　选白粗皮且晚熟期收获，存放时间至少1个月的马铃薯，因为白粗皮的马铃薯淀粉含量高，营养价值高，存放后的马铃薯香味更浓。

（2）切片及柠檬酸钠溶液处理　将选好的马铃薯利用清水洗涤干净去皮，然后进行切片。切片的目的是为了减少蒸煮时间，而柠檬酸钠溶液的处理是为了减少在入锅蒸煮前这段较短的时间内所发生的酶促褐变，保证产品的良好外观品质，柠檬酸钠溶液的浓度为0.1%～0.2%即可。

（3）蒸煮、揉碎　将马铃薯放入蒸煮锅中进行蒸煮，将马铃薯蒸熟，然后将其揉碎。

（4）混合、老化　将揉碎的马铃薯与各种辅料进行充分混合，然后进行老化。蒸煮阶段淀粉糊化，水分子进入淀粉晶格间隙，从而使淀粉大量不可逆吸水，在3～7℃、相对湿度50%左右下冷却老化12h，使淀粉高度晶格化从而包裹住糊化时吸收的水分。在挤压膨化时这些水分就会急剧汽化喷出，从而形成多空隙的疏松结构，使产品达到一定的酥脆度。

（5）干燥　挤压膨化前，原、辅料的水分含量直接影响到产品的酥脆度。所以，在干燥这一环节必须严格控制干燥的时间和温度。本产品可采用微波干燥法进行干燥。

（6）挤压膨化　挤压膨化是重要的工序，除原料成分和水分含量对膨化有重要影响之外，膨化中还要注意适当控制膨化温度。因为温度过低，产品的口味口感不足，温度过高又容易造成焦煳现象。膨化适宜的条件为原辅料含水量12%、膨化温度120℃、螺旋杆转速125r/min。

（7）调味　因膨化温度较高，若在原料中直接加入调味料，调味料会极易挥发。将调味工序放在膨化之后是因为刚刚膨化出的产品具有一定的温度、湿度和韧性，在此时将调味料喷撒于产品表面可以保证调味料颗粒黏附其上。

（8）包装   将上述经过调味的产品进行包装即为成品。

二、油炸膨化马铃薯丸

1. 原料配方

去皮马铃薯79.5％，人造奶油4.5％，食用油9.0％，鸡蛋黄3.5％，蛋白3.5％。

2. 工艺流程

马铃薯→洗净→去皮→整理→蒸煮→捣烂→混合→成型→油炸膨化→冷却→油氽→滗油→成品

3. 操作要点

（1）去皮及整理   将马铃薯利用清水清洗干净后进行去皮，去皮可采用机械摩擦去皮或碱液去皮。去皮后的马铃薯应仔细检查，除去发芽、碰伤、霉变等部位，防止不符合要求的原料进入下道工序。

（2）蒸煮、捣烂   采用蒸汽蒸煮，使马铃薯完全熟透为止。然后将蒸熟的马铃薯捣成泥状。

（3）混合   按照配方的比例，将捣烂的熟马铃薯泥与其他配料加入到搅拌混合机内，充分混合均匀。

（4）成型   将上述混合均匀的物料送入成型机中进行成型，制成丸状。

（5）油炸膨化   将制成的马铃薯丸放入热油中进行炸制，油炸温度180℃左右。

（6）冷却、油氽   油炸膨化的马铃薯丸，待冷却后再次进行油氽。

（7）滗油、成品   捞出沥油后的油炸膨化马铃薯丸成品直径为12～14mm，香酥可口，风味独特。

三、马铃薯菠萝豆

1. 原料配方

马铃薯淀粉25kg，精白糖12.5kg，薄力粉2.0kg，粉状葡萄糖 1.15kg，脱脂奶粉 0.5kg，鸡蛋 4kg，蜂蜜 1kg，碳酸氢铵 0.025kg。

2. 工艺流程

原料→混合→压面→切割→滚圆成型→烘烤→包装→成品

3. 操作要点

(1) 混合　先将除淀粉之外的所有原料在立式搅拌机中混合搅拌 10min，然后加入马铃薯淀粉，利用窝式搅拌机搅拌 3min 左右和成面团。

(2) 压面　和好的面团用饼干成型机三段压延，压成 9mm 厚的面片，然后用纵横切刀切成正方形。

(3) 滚圆成型　将正方形小块用滚圆成型机滚成球状。

(4) 烘烤　将球状的菠萝豆整齐地排列在传送带上，在传送的过程中，有喷雾器喷出细密的水雾喷在菠萝豆上，使其外表光滑。烘烤温度为 200～230℃，烘烤时间为 4min。

(5) 包装　烘烤结束后，经过自然冷却后进行分筛，除去残渣后进行包装即为成品。

四、油炸膨化红薯片

1. 原料配方

鲜红薯 30kg，红薯淀粉 20kg，玉米淀粉 10kg，白砂糖 2kg，精盐 0.1kg。

2. 工艺流程

原料选择→浸泡→清洗→去皮→修整→蒸煮→打浆→调粉→糊化→压皮→冷却→醒发→成型→干燥→油炸膨化→脱油→调味→包装→成品

3. 操作要点

(1) 浸泡、清洗　选择质脆、肥大、无霉烂、无病毒害及机械损伤的红薯原料；先用清水浸泡 30 分钟左右，清洗掉表面的污物、泥土及夹杂质等。

(2) 去皮、蒸煮　清洗干净后的红薯在沸水中热烫 3min，然后趁热用机械滚筒内钢丝刷与红薯表面摩擦除去表皮，立即放入

1.5%的食盐中护色处理；然后切除红薯两端的粗纤维部分，再投放入夹层锅的蒸笼里，将红薯蒸透后备用。

（3）打浆、调粉、糊化　熟红薯打成浆同淀粉、糖、盐调成均匀一致后放入蒸锅中边蒸边搅拌，用 0.4MPa 汽压蒸 3.5min 即可。

（4）压皮、冷却　将蒸煮的红薯团趁热压皮，皮的厚薄要求均匀一致，一般在 1.5mm 厚左右，压好的皮经过冷却输送架输送，当温度降到 20℃左右时，卷好皮送入醒发室。

（5）醒发　醒发室要求相对湿度 60%～70%，密闭不透风，放置 20～24h。

（6）成型　将冷却老化好的皮料用成型机切成边长为 2cm 的方形片状或长 3～4cm、宽 0.5cm 的条状。

（7）干燥　将成型好的坯料在低温 40～45℃下干燥 12h，成为水分达到 8%～9%的干坯料。

（8）油炸膨化　采用棕榈油，油温 190～200℃，油炸时间 10～15s。

（9）脱油　采用低速离心脱油，转速为 1500～3000r/min，时间 3min。

（10）调味、包装　根据不同需要，采用以红薯口味为主，其他口味为辅的调味方法调出各种口味。包装采用复合袋充氮包装，防止成品破碎和吸湿。

五、红薯虾片

1. 原料配方

红薯淀粉 1kg，虾皮汁 170g，味精 15g，明矾 10g，精盐 20g 等。

2. 工艺流程

配料→搓条→蒸熟→冷却→切片→干燥→油炸→包装→成品

3. 操作要点

（1）配料、搓条　将各种原辅料按比例充分拌匀后，再加入 3～4 倍的温水调匀，在木板桌上搓成粗细均匀的圆条，直径为

5cm 左右。

（2）蒸熟　将搓好条的料坯放入高压锅中进行蒸煮 35min，使淀粉充分糊化，增加料坯之间的结合力。

（3）冷却　在 0℃下快速冷却最好，如果没有条件也可以采取其他冷却的方法，即在常温下进行冷却。冷却的主要目的是使料坯固化，不粘手，能切成片。

（4）干燥　将料坯切成小于 2mm 的薄片，在 50℃下至少干燥6h。使坯片含水量达到 8%～12%。如果不立即油炸，应保存在防潮容器中。

（5）油炸　红薯虾片油炸后变为膨松状态，要求油炸后产品有大量的膨松度。影响红薯虾片油炸的因素主要有油温度、油炸时间、虾片含水量。生产实践证明，红薯虾片含水量 10%，油温度为 190℃炸 20s，效果最佳。

（6）包装　将油炸后的产品经过冷却包装后即可为成品。

六、香酥薯片

1. 原料配方

红薯 500g，红糖 75g，白糖 75g，熟芝麻 10g，熟花生 10g，酥桃仁 50g，花生油 500 克（实耗 75g）。

2. 工艺流程

红薯→清洗→切片→漂烫→烘干→焙炒→包装→成品

3. 操作要点

（1）清洗　要用清水反复擦洗红薯的茎块，彻底洗净茎块上附着的泥沙等杂物。

（2）切片　用不锈钢刀将薯切成厚度为 3～4mm 的薯片。

（3）漂烫　将薄薯片置于沸水中漂烫，当薯片的颜色由白转褐时，便可捞出沥干，然后摊放在烘干托盘上。

（4）烘干　烘干温度以 55～60℃为宜。若无烘干设备，可采用土法干燥，在晴朗干燥的天气下晒 2～3 天即可。干燥后的薯片的含水量为 8%左右。

（5）焙炒　膨化烘干后的薯片还必须经过焙炒使薯片膨化后才

能食用。焙炒膨化的方法是，把油、沙（用来炒制食品的沙子）放在锅中加热至 180～200℃，然后将薯片放入，与热油、沙一起翻炒。在焙炒的过程中，薯片由于急骤受热而发生膨化，使薯片变得酥脆。焙炒时应注意掌握火候，时间短了炒不熟，膨化不彻底，吃起来不酥、不香；反之，若炒过了头，便会煳锅，出现焦煳、发苦的现象。当薯片炒至由褐变红、体积增大、芳香扑鼻时即可出锅，用筛子筛除其中的油、沙，冷却后即可成为香酥脆的香酥薯片。

（6）包装　为防止成品薯片在运输、销售过程中挤压破碎，故宜采用充气包装袋包装或硬纸盒包装等包装形式。

第七节　糯米休闲食品

一、云片糕

1. 原料配方

糯米 20kg，白糖 24kg，猪油 1.5kg，饴糖 1kg，蜂蜜桂花糖 1kg，花生油、盐各适量。

2. 工艺流程

糯米→除杂清洗→晾干→炒制→过筛→润糖→磨粉→搓糕→打糕→炖糕→冷却→分条→复蒸→整形→切片→包装→成品

3. 主要设备

炒锅、筛子、粉碎机、搅拌机、储糖缸、打糕机、切条切片机、蒸锅。

4. 操作要点

（1）炒制　除杂后的糯米先用 35℃的温水洗干净，使糯米适当吸收水分，再用 50℃的水洗。放在大竹箕内堆垛 1h，然后摊开，经约 8h 后，将米晾干。用筛子筛去碎米。以 1kg 米用 4kg 粗沙炒熟。炒时加入少量花生油，不应有生硬米心和变色的焦煳的米粒，最后过筛，炒好的糯米呈圆形，不能开花。

（2）润糖　需提前进行，一般在前一天将糖、油、水拌和均匀，放入缸中，使其互相浸透，一般糖与水的比例为 100∶15。应将沸水浇在糖上，搅拌均匀。

（3）搓糕　将糕粉倒在案板上，中间做成凹形，然后加入糖浆，用双手充分搓揉。搓糕时动作要迅速，若搓慢了会使糕粉局部因吃透湿糖中的水分而发生膨胀，导致糕的松软度不一。如有搅拌机，可在机器内充分混合，将糕粉盖上湿布，静置一段时间，使糕粉变得柔软。

（4）打糕　先用蜂蜜桂花糖拌上少量糕粉打成芯子，再在四周捞入其他余料打成糕。用木方子打紧后，放入铝模或不锈钢盘内铺平，用压糕机压平。

（5）炖糕　将压好的糕坯切成四条，再用铜镜将表面压平，连同糕模放入热水锅内炖制。当水温 50～60℃时，炖制 5～6min 取出；水温在 80～90℃时，炖糕为 1.5～2min。炖糕的作用是使糕粉中的淀粉糊化，与糖分粘连形成糕坯。炖糕时，要求掌握好时间和水温，若温度高，炖糕时间过长，糕坯中糖分熔化过度，会使产品过于板结，反之，使产品太松。糕粉遇热气而黏性增强，糕坯成型后即可出锅，倒置于台板上，然后糕底与糕底并合，紧贴模底的为面，另一面为底。将糕坯竖起堆码，一般待当天生产的所有糕坯全部炖完后，集中进行复蒸。

（6）复蒸　把定型的糕坯相隔一定距离竖在蒸格上，加盖蒸制。目的使蒸汽渗入内部，使粉粒糊化和黏结。蒸格离水面不要太近，以防水溅于糕坯上。水微开，约 15min 即可。

（7）切片、包装　复蒸后，撒少许熟干面，趁热用铜镜把糕条上下及四边平整美化，即装入不透风的木箱内，用干净布盖严密，放置 24h，目的是为了使糕坯充分吸收水分，以保持质地柔润和防止污染霉变，隔日切片，随切随即包装。云片糕大小一般为 6cm×1.2cm，薄片厚度小于 1mm，一般 25cm 长的糕能切 280 片以上。包装后即成产品。

二、雪枣米果

1. 原料配方

（1）坯料　糯米粉 40kg，芋头浆 3～4kg，水 8kg。

（2）糖浆料　白砂糖 25kg，饴糖 1.5～2.5kg。

（3）拌面料　白砂糖 25kg，饴糖 0.5kg，熟淀粉 2.5kg。

2. 工艺流程

糯米粉
↓
制芋浆→蒸粉→制粉团→制坯→炸制→挂浆→包装→成品

3. 操作要点

（1）制芋浆　选择无溃烂、无霉变的优质干净芋头，刮去表层，加适量水磨成细浆。

（2）蒸粉　先将磨好的糯米粉放在台案上，中间弄成圆窝，以每 1kg 粉加 0.2kg 水为比例，用沸水烫粉，并搅拌均匀，调整成适宜的面团。笼屉上铺好布，粉团摊在笼屉内，上锅，旺火蒸制，一直蒸到粉团摊散，熟透为止。

（3）制粉团　将热粉团放在搅拌机中搅打，待粉团冷却至 40℃左右时，下芋浆，每 1kg 粉放芋浆 100g 左右，搅拌至不出现白点即可。

（4）制坯　将搅打均匀的粉团放置在台案上，摊开擀成厚约 1cm 的皮子，再切割成长 6cm、宽 1cm 的小块，置烘箱内，用 40℃间隔烘干，或放在阴凉通风处，晾晒 8～10 天，至七成干时，装入麻袋内回软 4～5 天，最后把坯子摊放在蒲包上阴干，待坯子全部晾干后，妥善保管。

（5）炸制　将干坯放入温油锅中，浸泡。干坯在温油锅中缓缓软化，然后陆续添加热油，当干坯呈橡皮状，捞出备炸。在干坯软化的同时，另一油锅已加热至 200℃，这时可每次取软坯 1kg 置温油锅内，一人操持两支小铁勺，交叉搅拌，另一人用大铁瓢舀取热油，慢慢沿锅边浇下，锅内软坯因加热逐渐膨胀，一直膨胀成圆筒形，再用热油急泼几次，使其表皮变硬，最后捞到热油锅中。由于坯子浮力大，须用笊篱将坯子往下压，使其两面均匀受热。待坯子上色酥脆时，即可捞出。炸制过程中应注意：坯子在温油锅内不能停留过长，热油加入要缓慢，否则坯子内部膨发过快，表面爆裂。相反，热油加入过慢，因油温低不能膨发。

（6）挂浆　取白砂糖 25kg，水 7.5kg，溶化煮沸后再放入饴糖 1.5～2.5kg，熬至 115℃，加入熟坯挂浆。另取白砂糖 25kg，饴糖 0.5kg，熟淀粉 2.5kg，开水适量，搅拌均匀后，投入挂好浆的熟坯，使其表面粘满霜即为成品。

（7）包装　用复合膜包装后，抽真空封装，可以有效防止产品油脂氧化。

三、海苔烧米果

1. 原料及配方

（1）米果　糯米 100kg，糖粉 1kg，食盐 0.5kg，变性淀粉 0.3kg，味精 0.5kg，酶解肉粉 1.0kg。

（2）米果表面海苔调味粉　海苔精粉 60kg，α-淀粉 5kg，糖粉 15kg，食盐 10kg，味精 10kg。

2. 工艺流程

糯米→水洗→浸泡→沥水→蒸煮→配料→捣制→整形→低温冷置→切片→干燥→焙烤→喷调味粉→包装→成品

3. 操作要点

（1）水洗、浸泡　将糯米洗净，在常温下浸泡 10～12h，沥干，此时水分约为 33%。

（2）蒸煮　将浸泡好的米在常压下蒸煮 20min 左右，或者在高温高压下蒸煮 7～8min。

（3）配料、捣制　蒸熟的糯米饭冷却 2～3min 后，用捣碎机捣碾成米饼粉团。同时，加入食盐、味精等辅料使调味均匀。当捣碾至米饭小粒与米饭糊状物的比例为 1∶1 时，可以得到最佳的米果坯。

（4）整形　米果粉团捣成后，进入揉捏机中揉捏，并放入箱中整理成棒状或板状，然后连箱一起放入冷库中冷却至 2～5℃，再于 0～5℃的冷藏库中放置 2～3 天，使其硬化。

（5）切片　硬化后的棒状饼坯用饼坯切割机切成所需形状并整形（米果坯的厚度一般为 1.6～1.8mm），再放入通风干燥机中干燥到饼坯含水量降为 18%～20%。

（6）焙烤　饼坯焙烤时的温度控制在 200～260℃，焙烤后饼坯的水分含量为 3%。

（7）喷调味粉　一般采用表面喷油、着粉调味，喷油量为 8%～10%，着粉量为 5%～8%。另外也可采用海苔调味液调味，然后干燥为成品。

四、油炸膨化米饼

1. 原料配方

糯米粉 50kg，面粉 60kg（其中调浆用 10kg），白砂糖 3.3kg，精盐 2.3kg，味精 0.2kg，水 58kg。

2. 工艺流程

打浆→调面团→搓条成型→蒸煮→冷却→老化→切片→预干燥→加热膨化→包装→成品

3. 操作要点

（1）打浆　调面粉浆，把调浆用的 10kg 面粉和 58kg 水混合，水浴加热，品温控制在 60～70℃，防止焦煳，搅拌至浆料呈均匀糊状为止。

（2）调面团　先将糯米粉、面粉、糖、盐、味精按比例混匀，然后趁热将准备好的浆料缓缓加入，进行调粉制面团。

（3）搓条成型　将调好的面团搓成直径为 5cm 左右、长短适中的圆柱条状，注意粉条必须压紧搓实，将空气赶走，直至切面无气孔为止。

（4）蒸煮　成型后的粉条用纱布包好，常压蒸煮 40min，使面团充分糊化。

（5）冷却、老化　去除纱布，换用塑料薄膜包裹条状面团以防止水分散失，迅速放置于 2～4℃冷却老化。

（6）预干燥　将恒温干燥箱的温度设定在 55℃，米饼薄片放入后即进行鼓风干燥，干燥时间为 6h。

（7）加热膨化　干燥后的制品用油炸（也可用焙烤）加热膨化。

（8）包装　膨化产品采用真空充氮气软包装。

第三章 糖制休闲食品

第一节 糖 制 技 术

一、软糖及羹类加工

软糖及羹类产品都是利用一些亲水性胶体，在一定条件下由溶胶状态转变为凝胶状态的特性加工制作而成。形成凝胶这种特性的原理主要是胶体从溶胶状态转变为凝胶状态时，胶团与胶团间结合成许多长链，长链相互交错无定向地组成空间网络结构。这种网络结构就构成了凝胶的极复杂的骨架。由于在网络交界处形成很多空隙，并吸附了很多水分子，因此就形成了一块柔软的、膨大的胶冻。

如果在形成凝胶的同时加入浓度较高的糖浆或其他可溶性固形物，则糖和水分子可以均匀紧密地填满凝胶中错综复杂的网络空隙处，形成一种非常稳定的含糖或其他可溶性固形物的凝胶，它在一定的压力下也不会变形断裂。

各种胶体形成凝胶的条件是不同的，与胶体的品质、原材料的纯度、溶液的 pH 值、糖浆或可溶性固形物的浓度、冷却的温度和速度，以及加工程序的先后与合理性等都有关。

二、糖衣类加工

糖衣类主要是将原料油汆或炒熟后，在外面裹上糖衣而成的炒货制品。

（1）原料处理　基本同炒制类一样，只是糖衣的原料必须事先炒熟或炸熟，是炒熟还是炸熟，应视品种而定。有些原料需要去皮，应先去皮。

（2）熬糖　在糖衣类炒货制作中，都有熬糖的工序，且是关键的一步。熬糖要选用洁白无杂质的绵白糖或砂糖。砂糖要晶粒大，无碎末。绵白糖和砂糖都要松散，不粘手，不结块，甜味纯正。

根据产品的不同需要，对于糖的熬制则有不同的要求。花生沾、糖豆瓣、怪味豆等，要将糖裹在果品的外面，可称为淋糖。花生糖等，要将糖与果品混合在一起，然后成型，可称为糖坯。

有的产品淋糖要白色，如花生沾；有的产品淋糖要黄色，如蛋黄花生。黄色的淋糖要按配方加小苏打等辅料。淋糖工序一般要分2～3次进行，温度要从低到高。一般第一次淋糖时糖浆的温度在110℃左右，第二次淋糖时糖浆的温度在120℃左右，第三次淋糖时糖浆的温度在130℃左右。

糖坯在使用时，要求有不同的色泽和硬度。随着糖色的加深，糖的硬度也在增加。另外，在夏季，糖要偏硬；冬季，糖要偏软。夏季与冬季，糖的温差约为10℃。在夏季糖温掌握在135～145℃，冬季大约掌握在125～135℃。最高不超过165℃。糖色过深，温度过高，就会使糖味焦苦。

（3）调料　将调料放碗内，冲入开水，搅匀待用。水以能稀释调料即可。

（4）拌和　当糖熬好后，即可将原料及其他调料一起倒入糖浆锅中，边倒边用铲迅速拌和，直至糖浆起砂硬结，即可取出冷却便成。

第二节　糖衣食品

一、红薯酥糖

1. 原料配方

糯米20kg，鲜红薯12kg，菜油10kg，绵白糖12.5kg，饴糖7.5kg，熟花生仁4kg，熟芝麻1.5kg。

2. 工艺流程

红薯、糯米→原料处理→混合→蒸熟→揉捏→切丝→干燥→油炸┐
成品←包装←成型←上糖浆←┘
　　　　　　　　　　　　熬糖

3. 操作要点

（1）原料处理　将糯米浸泡12h，将米沥干，磨成粉。红薯上锅蒸熟，剥去皮后切成小块，或捣烂。

（2）混合　将红薯与糯米粉在案板上混合均匀，装入盆中压实，切成4～5cm见方的小块，上笼20～25min蒸熟。

（3）揉捏　将熟料趁热放入石臼中舂至揉捏均匀（石臼内预先擦一层植物油，以防粘连），直到没有红薯硬块的斑点时取出，装入盆内压成坯块。

（4）切丝、干燥　将坯料切成6～7cm见方的块，再切成3～4cm的片，最后切成6～7cm的丝，阴干。

（5）油炸　油温170～180℃，将薯丝炸成表面微黄，用手能折断时立即起锅。

（6）熬糖　白糖、饴糖加少量水加热溶化后过滤，再下锅熬至128～130℃。

（7）上糖浆　在熬好的糖浆中倒入油炸薯丝及熟花生仁，拌匀。

（8）成型　拌好的料倒入案板上木框中，压紧、压平，最后用刀切成方块即成。木框长宽各50cm、高2.5cm，使用时木框内侧抹一层熟油，在案板上铺上一层熟芝麻，以防粘连。

（9）包装　产品先用糯米纸包裹，然后分装到薄膜袋内，用封口机封口，即为成品。

二、糖蘸豆

1. 原料配方

生黄豆2.5kg，绵白糖3kg，饴糖250g，擦锅油适量。

2. 工艺流程

炒豆→熬糖→一次淋糖→再次熬糖→二次淋糖→三次熬糖、淋糖→冷却→成品

3. 操作要点

（1）炒豆　将颗粒均匀饱满的黄豆，用净沙炒熟，筛去沙，冷却酥脆，放在擦了油的锅里待用。

（2）熬糖　用 1/3 的绵白糖和 1/3 的饴糖，加少量清水，在火上进行熬糖，熬至 110℃时，将糖浆离火。

（3）一次淋糖　将熬好的糖浆缓缓淋入到熟黄豆里，边淋边摇动黄豆，使之粘糖均匀。

（4）再次熬糖　又取 1/3 绵白糖和饴糖，加少量清水进行熬制，熬到 120℃左右时，便将糖浆离火。

（5）二次淋糖　将熬好的糖浆如第一次淋糖那样，进行第二次淋糖。

（6）三次熬糖、淋糖　如上 2 次，将剩余的 1/3 绵白糖和饴糖进行熬制和淋糖，只是熬糖温度为 130℃。

（7）冷却　将经过 3 次淋糖的黄豆，进行自然冷却，即为成品。

三、糖酥黄豆

（一）方法一

1. 原料配料

黄豆 5kg，熟面（蒸熟或炒熟）1.25kg，白糖 3.75kg，饴糖 2kg。

2. 工艺流程

制粉→制坯→制糖→成品

3. 操作要点

（1）制粉　将黄豆淘洗干净，去掉泥沙和杂质，用锅炒熟，研磨成豆粉。然后将豆粉与熟面、白糖混合放入石臼内，用木棒捣烂过筛。

（2）制坯　将饴糖置于铜锅内，用文火煎熬，除去一部分水分，使之变得黏稠（以用木棒蘸少许溶液能拉起丝为宜）。如遇冷却，可将饴糖倒入缸内炖在热水中保持温热。

（3）制糖　将豆粉炒热，取出 500g 撒在台板上，再取 250g 热糖浆倒在撒粉的台板上，在其表面撒熟粉，用擀筒压薄成正方形，再撒一层粉，将酥坯两面以折，用擀筒压薄，然后再放熟粉，如此重复折叠 3 次，最后用手捏面成长方条，用 1m 多长的木条轧紧压实，切成 1cm 宽的小块，用纸包好，即为成品。

4. 注意事项

(1) 一是宜在春秋季制作，如在冬季制作，室温要在 15℃以上，操作室温度过低很难做好。

(2) 二是糖骨子要熬得适中，若太老不易擀开，太嫩则糖皮易烂。

(二) 方法二

1. 原料配方

干黄豆及炸油各 1kg，鸡蛋 4 个，干淀粉 500g，白糖 800g。

2. 工艺流程

浸泡→裹粉→油炸→炒糖、搅拌→成品

3. 操作要点

(1) 浸泡　将黄豆挑除杂质，洗干净后加清水泡涨，沥干。

(2) 裹粉　沥干水分后，打入鸡蛋，拌匀后，加干淀粉，用手揉搓，以使黄豆均匀地裹上一层淀粉。

(3) 油炸　将裹糊的黄豆倒入八成热的油锅内，炸至金黄色时，捞出，沥去油。

(4) 炒糖、搅拌　将炒锅烧热，加清水 400mL，水开后下白糖。将糖炒至色变黄时，迅速倒入炸黄豆并搅拌均匀，然后倒在案板上，摊匀，冷却后即可食用。

四、砂糖浆豆酥糖

1. 原料配方

白砂糖 65kg，熟豆粉 35kg，柠檬酸 20g。

2. 工艺流程

白砂糖→化糖→熬糖→拔白→拔泡→切分→成型→冷却→包装→成品

黄豆→原料处理

3. 操作要点

(1) 原料处理　选用颗粒饱满、大小均匀、干净黄豆为原料。经精选去除霉变、虫蛀、破碎颗粒，以及其他杂质。然后将精选的黄豆沙炒至熟，过筛去沙粒，冷却后磨成豆粉，过筛。也可先将精选的黄豆粉碎，再将豆粉炒熟。在炒豆粉时，要掌握好火候，防止焦煳及生熟不均匀。

（2）熬糖　先将 3.25kg 白砂糖和 1.5kg 清水投入锅内加热煮沸，再加入 1g 柠檬酸，继续用旺火熬煮到温度达 165℃，停止加热。

（3）拔白　将熬好的糖浆倒在有冷却水装置的台案上或石板上冷却并折叠至软硬合适时止。

（4）拔泡　将冷却适宜的糖放在拔泡机上拔泡，拔 20～25 次，拔至糖发白，但不要太泡。也可用木棍进行人工拔泡。

（5）切分　将拔好的糖拽成直径为 2cm 左右的长条状，再切分成 8cm 左右长的糖块。

（6）成型　将适量的熟豆粉在锅内用微火加热至 50℃ 左右，再两手捏住糖块两端在豆粉中拽拔、对折，反复拽 9～10 扣，使豆粉均匀地裹在糖中，然后将拽好的糖条对头拧花，放在台案上用木板压成块即可。拽拔时动作要迅速，以免糖块过冷而不易拽拔；豆粉的温度也不宜太高或太低，太热糖易返砂，太冷则糖易变硬，不便拽拔。

（7）冷却、包装　将做好的糖块冷却，清理净表面的豆粉，即可进行包装。

五、豆酥糖

1. 原料配方
黄豆 10kg，面粉 25kg，绵白糖 7.5kg，饴糖 4kg。

2. 工艺流程
磨粉→蒸熟→混合→熬饴糖→整形→成品

3. 操作要点

（1）磨粉　将黄豆洗净，晾干后炒热，磨成豆粉。

（2）蒸熟　面粉蒸熟，晾凉。

（3）混合　将面粉、豆粉、绵白糖放在容器中，用木杵捣匀，然后过筛待用。

（4）熬饴糖　饴糖下锅煎熬，尽可能熬稠，但不要熬煳。熬好后放入小缸内，置于热水中，以保持饴糖的温度。

（5）整形　取豆糖粉 1kg，在台板上先撒一层，再取 500g 饴糖放在撒好粉的台板上，表面撒上粉，用擀杖擀成长方形，将其余的豆面粉均匀地撒在占整个饴糖面积 2/3 的一面。然后再翻在另外的 1/3 部分上，即成为 3 层。再取 1kg 豆面糖粉，如上法再做 1 次。如此反复 3 次之后，用手将糖捏成长形，用木板轧紧、轧实，使之成为约 1.7cm 厚的块，再切成四方小块，包装即成。

4. 注意事项

（1）在操作过程中，豆糖粉、饴糖和工作间，气温都要保持在 20℃以上，否则很难做好。

（2）豆酥糖容易返潮，要用塑料袋装好，放在木箱里。木箱底上撒些生石灰，上层铺几层纸，将豆酥糖放在里面，可以保存 2～3 个月。

六、米花糖

1. 原料配方

糯米 5kg，猪油、饴糖各 2.5kg，绵白糖或白砂糖 3kg，熟芝麻 125g，核桃仁 250g。

2. 工艺流程

糯米→制阴米→爆米花→熬糖浆→成型→包装→成品

3. 操作要点

（1）制阴米　将糯米洗净，在清水中浸泡 8h。捞出沥水，入屉用旺火蒸熟。出屉晒干或烘干、阴干，搓散结块，制成阴米，又叫米干。

（2）爆米花　将猪油放入锅中用大火烧滚。再改用中火。把阴米分批放入油锅中爆成米花，浮出油面时迅速捞出，切不可爆黄、爆焦，以雪白为好（也可放少量大油，用微火炒成）。

（3）熬糖浆　将绵白糖或白砂糖放入锅中，加适量清水，烧开后加入饴糖，熬成黏度适宜的糖浆，一般以冷却后变得脆硬为好。

（4）成型　把米花放入糖浆中，比例为 2∶1 或者 3∶1。拌匀后倒进糖模中压平，面上撒些熟芝麻、核桃仁。

（5）包装　出模后切成长方形块状，包装后即为成品。

七、油酥米花糖

1. 原料配方

糯米 22kg，猪油 7.3kg，白砂糖 11kg，白糖粉 10kg，饴糖 6.6kg，清水（熬糖浆用）3.5kg。

2. 工艺流程

糯米→制阴米→油炸→套糖→成型→包装→成品

3. 操作要点

（1）制阴米   干精选纯净大颗粒糯米，用清水浸泡浸透。入笼蒸熟，晒干备用。

（2）油炸   猪油入锅加温，待油温升到 160℃ 左右把蒸熟晒干的糯米分若干次投入油锅炸泡，但糯米要保持白色。捞出、滤油、冷却。

（3）套糖   白砂糖 11kg 加清水 3.5kg 加温熬化，加入饴糖熬到拔丝起锅，然后倒入炸好的糯米花拌和均匀即可。

（4）成型   木框置于台板上，及时定量倒入已套好糖浆的糯米花，铺平稍压紧，均匀地撒上白糖粉（糖太干燥时，可撒些凉开水）。

（5）包装   将米花糖铺开均匀，压平压紧，切块，取去框，包装后即为成品。

八、桂花米花糖

1. 原料配方

糯米干 80kg，砂糖 30kg，饴糖 16kg，油 28kg，绵白糖 19kg，桂花少量。

2. 工艺流程

糯米→制米干→爆米花→熬糖浆→成型→包装→成品

3. 操作要点

（1）制米干   将糯米淘净，水浸 7～8h，捞出后蒸成黏米饭，然后晒干，要干透，同时将黏结成块的搓成散粒。

（2）爆米花

① 砂炒法 将砂子筛选洗淘,除去粗粒和细末,选此米粒略小的均匀砂粒,将此砂粒用豆油拌炒,使砂粒表面光滑,将处理好的砂粒放入锅中炒热后投入米干,用急火拌炒,爆花后及时出锅,筛去砂粒。

② 油炸法 油放入锅中烧至180℃左右,投入米干,爆成米花时迅速捞出。防止炸焦和爆花不良。

(3)熬糖浆 砂糖和水放入锅中加热,开锅后,加入饴糖,熬到116~120℃即可,温度应视气候情况掌握,冬季低些,夏季高些。

(4)成型 将米花倒入熬好的糖浆内,拌和均匀,然后铺入模框内压平,厚约3.5cm,再在上面铺一层白糖,撒些桂花,用刀切成长5cm,宽1.8cm的长方块,即为成品。

(5)包装 用透明纸逐个包装,密封得好保质期长。

九、乐山香油米花糖

1. 原料配方

糯米12.5kg,白砂糖20kg,花生仁6.25kg,饴糖7.5kg,白芝麻3.75kg,熟猪油7.5kg。

2. 工艺流程

选米→泡米→蒸米→晾米→制阴米→炒米→熬糖→拌和→成型→包装→成品

3. 操作要点

(1)选米、泡米、蒸米 用竹筛筛去半截米和碎米,选出颗粒均匀的糯米。然后放入清水淘洗,浸泡12h,捞起滴去水珠用甑子加热蒸熟、蒸透即可。

(2)制阴米、炒米 将蒸好的糯米倒在晒垫上铺开,摊晾阴干(切忌太阳暴晒和高温烘烤)。然后将阴米放入锅内慢火焙制,边焙制边下糖水(每100kg用糖水5kg,糖水比例1:10)。至糖水下完,阴米发脆,起锅后捂封4~5min。再将制过的河沙倒入锅内,以猛火将米炒爆。筛去河沙,备用。

(3)熬糖、拌和 把白砂糖、饴糖、猪油倒入锅内,加热熬化，同时搅拌均匀成糖浆，另外把花生仁炒酥脆，去皮和胚芽，选瓣大、色白的备用。将熬制糖浆的铁锅端离炉火，加入爆米和花生仁，拌和均匀立即起锅。将脱壳炒脆的白芝麻铺在板盆上，再把拌好的米花配料倒入板盆，趁热用木制滚筒擀薄压平。

（4）成型、包装　开条、成型，进行包装。

十、五仁米花糖

1. 原料配方

糯米 47%，白砂糖 15%，饴糖 15%，熟猪油 16%，花生米 3%，葵花籽仁 1%，瓜子仁 1%，核桃仁 1%，熟芝麻 0.7%，香草粉 0.3%，桂花或青红丝适量。

2. 工艺流程

　　　　　　　　　　　　　　　　　　　　　熬糖浆

精白糯米→除杂→清洗→浸泡→晒干→爆花→沥油→混合→上模┐
　　　　　　　　　　　　　　　　包装←成型←上红丝←┘

3. 操作要点

（1）清洗、浸泡　将糯米洗净后在清水里泡透，夏季要泡 7h，冬季要多泡 1~2h。捞出后，沥去水分蒸熟，再晒干。将结成块状的搓散，晒得越干越好，最后成为米干。

（2）爆花　将熟猪油放入锅中烧滚，再将米干倒入锅中，每次放入的米干，不要超过油量的 1/3。爆成米花后，米花即浮出油面，速用漏勺捞出，沥去多余的油。要特别注意不要爆黄，更不要爆焦。

（3）制糖浆　将砂糖放在锅内，加入水量约为砂糖量的 1/6，烧开后掺入饴糖，熬成糖浆。熬时注意糖浆的黏度，一般以冷却后变脆硬为好。夏季黏度可高些，冬季黏度可低些。

（4）混合、上模　糖浆熬好以后，将米花、五仁、香草粉放入。拌匀后倒进模，用滚筒压平。

（5）上红丝、成型　将绵白糖撒在表面，为 2mm 左右厚，再用滚筒压平，上面也可再撒些桂花或青红丝做为装饰，用刀切成长方块即成。

（6）包装　用透明纸逐个包装，密封得好保质期长。

第三节　软糖及羹类食品

一、红薯饴糖

1. 原料配方

（1）红薯泥 100kg，柠檬酸 300～320g，白糖 50kg，防腐剂6～8g，凝固剂 2～2.5g，食用色素 0.2%～0.3%，水果香精 5%。

（2）砂糖 15kg，饴糖 15kg，红薯泥 15kg，猪油 2.5kg，蜜饯5kg，水 4.5kg，香油 100mL。

2. 工艺流程

红薯→挑选→清洗→煮熟→去皮打浆→过筛→红薯泥→调配→加热熬煮→加糖煮制→灌模→冷却→干燥→冷却→包装→成品

3. 操作要点

（1）挑选、清洗、煮熟　精选出优质红薯，要求无须根、无霉烂、无斑痕，用水洗净，煮熟。

（2）去皮打浆、过筛　将煮熟的红薯去皮，加水打浆成泥状，然后用 60 目细筛过滤，除去纤维，备用。

（3）凝固剂处理　将自配的凝固剂（由明胶、果胶、海藻酸钠、淀粉等组合而成），加适量水浸泡 2h 左右，然后加热溶解，备用。

（4）加糖煮制　加色素、防腐剂、香精，然后用柠檬酸调节浆液 pH 值，调配加入原料重 50% 的白糖进行熬制，直至固形物达75%～80%，再加入原料重的 2.5%～3% 的凝固剂，再煮片刻，煮制过程结束后起锅倒入模具内冷却成型。

（5）干燥　将冷却成型的红薯软糖送入烘箱或烘房内干燥，温度控制在 50～60℃，经 12～24h，使软糖水分降低到 15% 以下。

（6）包装　产品先用糯米纸包裹，然后分装到薄膜袋内，用封口机封口，即为成品。

二、广西芝麻糖

1. 原料配方

麻仁 11.5kg，白砂糖 10kg，45°Bé 麦芽糖 3kg，熟猪油 600g，

清水 2.7kg。

2. 工艺流程

熬糖

麻仁→挑选→淘洗→晾干→炒制→拌和→成型→切片→冷却→包装→成品

3. 操作要点

（1）挑选、淘洗　选新鲜饱满的麻仁（黑麻仁或白麻仁），先用筛过几遍，把沙粒除净，再用磁石探检一遍，防止铁质杂物混入。用清水淘洗干净后，倒在簸箕上摊开晾干，最后用慢火炒熟备用。

（2）熬糖　将白砂糖、清水倒入锅中，加热溶解，再加入麦芽糖猛火煮沸，过滤一遍，把糖液中的杂质除净。糖液回锅熬煮，煮至 145℃，见糖浆发脆时立即端锅离火。

（3）拌和、成型　糖浆熬好端锅之后，马上将熟芝麻仁投入糖浆中，迅速搅和拌匀便成糖坯。将糖坯倒在预先装有格板的案板上，擀匀抹平。

（4）切片　待其凝固定形并用手触不烫时，用薄刀切成条状，再根据规格大小要求切成小片。

（5）包装　完全冷却后经包装即为成品。

三、蜂蜜麻糖

1. 原料配方（按 50kg 成品计）

特制粉 21.5kg，白砂糖 15.25kg，上等蜂蜜 4kg，花生油 9.5kg，麻油 9.5kg，饴糖 3kg，桂花 250g。

2. 工艺流程

面团调制→压片→网花成型→炸制→上浆→冷却→包装→成品

3. 操作要点

（1）面团调制　先将白砂糖加水溶化，然后加入面粉和成较硬的面团，再多次蘸水，反复搅拌成筋性好、软硬适度的面团。把面团分成 500g 左右的块，饧发 1h 左右。

（2）压片　先将饧好的面团擀成直径约 0.5m 的底片，每擀一遍都要均匀撒上浮面，第三遍擀开撒浮面后，将两边对折成扁筒状，用擀面杖卷紧，擀、拍、抖、滚，经 2 次掉头，擀到 5 遍后，即成长 2.7m、宽 2m 薄如纸的面片。这道工序要求在 3～4min 内完成，否则易使面片风干。将面片卷在擀面杖上提起，迅速转动放开，使空气鼓进筒内，将浮面抖出，同样，掉头再抖净另一半浮面。注意保持面片完整。然后摊开面片，两边各切去 0.3 米，铺在大片上，再把大片卷在"花杠"上。

（3）网花成型　将卷在花杠上的面片破成面条，每条宽约 1cm，15～17 层，再把每条斜剁成 3cm 宽的菱形 35 块，每块中间剁一切口翻卷一端网花，即成生坯。

（4）炸制　先将花生油炼好后加香油，再放入生坯炸制约 7min，其间要翻动 1 次，待炸成金黄色时起锅、控油。

（5）上浆　白砂糖加适量水溶解熬成浆，熬好后加入桂花、蜂蜜、饴糖，进行搅拌，然后分两次上浆，即为成品。

（6）包装　冷却后包装。

四、麻杆糖

1. 原料配方

白糖 50kg，饴糖 10kg，芝麻 20kg，桂花 830g，猪油 830g，撒粉 417g。

2. 工艺流程

熬糖→制坯→上麻→冷却→包装→成品

3. 操作要点

（1）熬糖　用糖量约为配料白糖的 83%，糖与水的比例为 10∶4。糖温熬制至 130℃左右，经检视糖酥脆时即可。熬制中，适时下猪油，以散泡沫。

（2）制坯　糖膏稍冷，用机器拉白，再上案板摊开，裹桂花和白糖（为配料中白糖的 15%），然后拉成直径 1cm 的糖条，再按长 6cm 的规格切节成型。

（3）上麻　用配料中 2% 的白糖加适量水，熬至 105～110℃时起锅，淋在糖坯上抄转，以能粘手时上熟芝麻。芝麻要满体均匀，黏结紧密，制品表面光洁。上麻后筛去漂浮重叠的芝麻。

(4) 包装　冷却后包装为成品。

五、孝感麻糖

1. 原料配方

白砂糖 10kg，糯米饴糖 30kg，熟芝麻仁 23kg，麻油 100g。

2. 工艺流程

熬糖→拉白→拌麻→切片→冷却→包装→成品

3. 操作要点

(1) 熬糖　白砂糖加适量水放入锅内烧溶，再加入饴糖，熬制时用木流板不停地沿锅底搅动，以免烧焦。待糖浆熬到 140～145℃，将锅端离炉火，倒在台板上冷却。

(2) 拉白　待糖浆不烫手即可用拉白机拉白。

(3) 拌麻　拉白糖膏放入盛有熟芝麻的罗中让其粘满芝麻。

(4) 切片　将麻糖坯搓成圆条放在麻糖机上切片。

(5) 包装　冷却后包装为成品。

六、糯米芝麻糖

1. 原料配方

糯米 25kg，麦芽 1.5kg，芝麻 0.5kg。

2. 工艺流程

浸泡→蒸米→发酵→过滤→熬煎→搭糖→切糖

3. 操作要点

(1) 浸泡　先将糯米淘洗干净，用清水浸泡 8h，然后用清水漂洗净，沥干水分。

(2) 蒸米　将沥干水分的米盛到蒸笼里，用旺火蒸 1.5～2h，蒸至米饭熟而不烂即可。

(3) 发酵　先将木桶四周垫上干稻草，然后把水缸放入，使水缸不能转动，即成为保温水缸。将米饭倒入保温水缸，再倒入30℃的温水 40kg，用竹板条不停地搅和，然后将事先打碎的麦芽倒入，不停地搅和，直搅至手捏无黏液即可，用手抹平，再倒入2kg 开水盖面，用蒲包盖严缸口，再加盖稻草压紧，绝不可漏气。

经 8h 后打开，即可闻到糖香味，米饭像糖水一样，手捏米饭只剩下米皮渣，表示发酵完毕。

（4）过滤　将篾筛放在压糖架上，把缸里的糖水盛在篾筛里，压出糖水，取出糖渣。

（5）熬煎　把糖水放入两口大锅内，先用旺火把糖水烧至120℃保持火力，煎至锅里糖水面出现米筛花时，再用慢火，防止外溢。由于水分不断蒸发，两口锅中都只有半锅糖水，此时可以并在一个锅里煎，当煎至锅里糖水出现海浪花时，糖水的水分很少了，已成糖浆，此时火力更要小，以免烧糖影响糖的质量和数量。同时用筷子在锅里挑"糖旗"，试测是否可以上锅，如能挑起"糖旗"50cm 不断，说明浓度合适，即可起锅。注意，起锅不能过早或过迟，过早糖太嫩不能成型，过迟糖太老影响糖的品质。

（6）搭糖　将煎好的糖浆分别装入三只脸盆里冷却，当糖浆冷却至用手拿起不掉时，拿出在糖钩上来回拉长数次，并沾上已准备好的炒熟芝麻，经多次拉搭可使糯米芝麻糖雪白明亮。

（7）切糖　拉搭完毕，速把糖放到案子上并撒上少量面粉，使糖粘上面粉，然后把糖切成 20cm 长的段，再拉成拇指大小的条子，切成 2cm 长，即为成品。切糖时，用一根长 50cm 的绳子，一端固定在墙壁上，左手拿长糖条，右手拿绳子绕上糖条用力一拉，糖切得既快又好看。糖切好后撒些米粉或面粉，以防粘连。

七、芝麻酥

1. 原料配方

黑芝麻 200g，富强粉 200g，绵白糖 250g，熟猪油 200g。

2. 工艺流程

选料→脱皮→炒制→熬糖→拌糖→烘烤→成品

3. 操作要点

（1）选料　选用新鲜、饱满、无霉变的优质黑芝麻，并用振动风速筛筛选，去除杂质。

（2）脱皮　将芝麻置 40～50℃的水中淘洗几次，加快水向芝麻的渗透速度，以表皮湿润而内部干燥为宜；用脱皮机脱去芝麻的角质皮层，然后置于烘箱内烘干，润水脱皮时烘干要彻底，否则会使炒制芝麻产生苦味。试验发现，芝麻炒制会使其香味更加突出，但芝麻皮中含有大量的纤维，会阻碍炒制香味的呈现，并且会使食用口感粗糙，而脱皮处理则可以消除这些干扰因素，因此生产时应尽量采用脱皮芝麻。

（3）炒制 芝麻炒制的时间长短对芝麻酥的口感有一定的影响，芝麻炒制后使其香味更加突出，但炒制时间过长则易产生焦苦味，炒制时间过短则不易产生香味。利用翻炒式的炒锅对芝麻进行炒制，取一定量脱皮芝麻倒入锅内，一般以140℃下炒制30min为宜，注意火候不宜太大；芝麻炒熟后凉冷，装入保鲜袋中备用。

（4）熬糖 将购买的麦芽糖连同糖罐一起放入装有清水的不锈钢锅内，并将不锈钢锅置于电磁炉上进行加热，加热过程中不盖锅盖，以防止因沸腾造成麦芽糖罐倾倒进水；待麦芽糖完全溶化后关火，盖上锅盖放置一边备用；取干净的不锈钢锅，向锅内加少许清水，放于电磁炉上进行加热，待水沸腾后将溶化处理好的麦芽糖倒入其中进行熬制，熬至糖液沸腾，调小电磁炉温度，以糖液不凝固为宜。芝麻酥生产过程中若糖含量过多，则会使芝麻酥表面有明显的糖液凝固，造成组织不均匀，口感生硬；若含糖量较少，则会使芝麻不能完全粘连在一起。经过反复试验，最终确定以芝麻与糖质量比以4∶1为最佳。

（5）拌糖 将熔化处理后的糖液倒入另一个干净的不锈钢锅内，不锈钢锅置于电磁炉上进行加热，再将炒好的芝麻迅速倒入锅内进行搅拌，待搅拌均匀后将芝麻转移至涂有薄薄一层植物油的砧板上，用铲勺抹平压紧芝麻。整个过程速度要快，以免糖液凝固。

（6）烘烤 待砧板的芝麻稍加凝固后就用刀切块成型，放入烘箱内烘干，烘干过程中每30min翻面一次，以防糖液下沉影响产品质量。

八、广西桂林酥糖

1. 原料配方

白砂糖29.8kg，45°Bé麦芽糖4.8kg，麻仁27.75kg，熟面粉

500g，花生油 100g，清水 1kg。

2. 工艺流程

麻仁→洗净→炒制→制酥糖粉→熬糖→拉糖→成型→切块→包
装→成品

3. 操作要点

（1）制酥糖粉　选用新鲜饱满的优质麻仁，投入清水池中泡洗
若干次，尽量除净衣皮，倒入簸箕内摊开晒干。然后投入锅中炒
制。适用慢火慢炒，麻仁炒爆炒香后出锅倒簸箕上摊开冷却待用。
把白砂糖 25kg 碾磨成糖粉，用筛过一两遍后，将其与麻仁混合拌
匀，用钢磨磨制，再用筛过 2～3 遍，粗糙的粉粒要回磨复制，磨
粉越细嫩越好，糖粉与麻仁经细磨后过筛即成酥糖粉。

（2）熬糖　把清水倒入锅中，加入 4.8kg 麦芽糖和 4.8kg 白
砂糖，煮制至糖温为 140℃ 时停止，并用锅铲搅动锅底，以防
焦锅。

（3）拉糖　将糖浆倒入预先用花生油涂抹过的铁盘内，待糖温
降到 50℃ 时，用拉糖机拉糖，然后制成每个约重 750g 的糖饼待
用。制糖饼时如果没有拉糖机械设备，也可用手工操作，先将两根
长 20cm 的木棒，挑起糖丝，绕在一根约 50cm 高的直立着的木桩
上，边拉边掼，把糖丝拉成乳白色为止。最后做成糖饼，摆入铺有
熟面粉的烤盘上即可。

（4）成型、切块　把即将使用的酥糖粉加热到 30℃，然后在
案板上撒一层酥糖粉，铺入热糖饼（50℃），糖饼面上撒一层酥糖
粉，擀开擀薄，中间夹上酥糖粉，将糖饼互相对折起来，擀开擀
薄，再夹上酥糖粉，如此反复操作 7 次，最后卷成长条圆形，按规
格大小要求捋成扁长方条状，用模夹板轧紧压实，表面压光，分切
成长方形小块，再用模夹板压紧整平。

（5）包装　每两小块酥糖为一包，里外包两层。

九、交切芝麻糖

1. 原料配方

芝麻 23kg，白砂糖 10kg，糯米饴糖 30kg，食油 100g。

2. 工艺流程

芝麻预处理→熬制→搅拌→压条→切片→冷却→整形→包装→成品

3. 操作要点

(1) 芝麻预处理　将选好的新鲜、洁净、无污染的芝麻,浸泡在净水中,浸泡时间的长短,视气温和水温而定,以芝麻充分吸水膨胀为度;然后,淘去泥沙,捞起晒干;再放入锅中用火焙炒,待芝麻炒至色泽不黄不焦、颗颗起泡时停止,经过冷却,用手轻轻搓动,使皮脱落,并用簸箕簸去皮屑。

(2) 熬制　先用中火加热煮沸,并不断搅动,防止焦煳,当糖浆煮沸后,改用文火,熬至糖浆液面升高或小泡欲穿时,可用拌铲挑出糖液观察,如冷却后折断时有脆声,即可停火。

(3) 搅拌　要边向锅中倒芝麻边搅拌糖液,力求迅速搅拌均匀。然后,将拌和的芝麻糖坯一起从锅中舀入遍体擦好油的盆内。

(4) 压条　将盆中的芝麻糖坯在稍微冷却后,移至平滑的操作台上,经拔白、扯泡,用手做成截面像梳子形的椭圆形糖条。

(5) 切片　切片的厚度要均匀一致,每片约0.4cm,每公斤约切成90～100片。切后经冷却、整形,即可用塑料袋密封包装,盛入盒中食用或销售。

十、片式芝麻糖

1. 原料配方

芝麻2kg,白砂糖15kg,饴糖12.5kg,花生仁7.5kg,熟猪油1.5kg。

2. 工艺流程

炒花生→芝麻去皮→熬糖→拌和→成型→切块→包装→成品

3. 操作要点

(1) 炒花生　花生仁经精选后炒脆,去除红衣备用。

(2) 芝麻去皮　芝麻用清水淘洗,去除皮屑等杂质用清水浸泡一昼夜,沥去水置于容器内,用杵舂捣,再用水冲淘去尽其表皮,炒熟后备用。

（3）熬糖　白砂糖放入锅内，用清水 3.5kg 加热煮沸溶化，用蛋清提纯去除杂质后下饴糖，饴糖溶化后再过滤 1 次，熬制到 120℃左右时下猪油，继续熬制至 135℃时端锅。

（4）拌和、成型　糖浆熬好端锅后，将芝麻、花生仁同时倒入锅内，经迅速拌和后再倒在台板上摊开擀平，使四周整齐。然后开条、切块成型。

（5）包装　冷却后包装为成品。

第四章 炒制休闲食品

第一节 炒 制 技 术

一、炒制类加工

1. 原料处理

在加工之前必须将原料加以精选，拣去霉、坏、虫蛀等变质的原料，并去净泥沙等杂质，然后将原料用清水冲洗干净，稍晾干待用。

2. 调料

主要是将调味品先放在容器内，加水调制成溶液。

3. 炒沙

凡用干炒方法制作炒货，大多需用沙粒拌炒。根据原料品种不同，可采用白沙，也可采用黄沙，家庭制作时，只要是干净的河沙即可。沙粒一般以直径 2～3mm 且形圆者为佳。先将沙粒在流水中洗净，拣去石块，筛去细沙，然后晒干。取铁锅置火上，洗净，待水分烧去后，倒入沥干了的沙，翻拌炒至烫手。如果不用沙粒拌炒，也可用粗盐，亦需炒至烫手。

4. 炒原料

当沙子炒至烫手时，将事先准备好的原料倒入，并不断翻炒，使其受热均匀。随着水分的逐渐减少，原料由生变熟，爆炸声由少到多；进入高潮后，爆炸声又逐渐稀落；到基本听不到爆炸声时，即应将原料取出。有些炒货不需要将沙炒热，可将原料与沙或盐同时入锅拌炒，但沙子一定要干的。

5. 配调料

当原料炒熟后，出锅，趁热立即筛去沙子，再将原料倒入刷干净的锅内，加入调料溶液，迅速拌匀，微火焙干即可。有些炒货不需要用盐或沙拌炒，只要将各种配料用热开水拌匀，与原料一起倒入缸中，搅拌均匀，然后上盖浸泡一定时间，取出，稍晾干后入锅缓炒至熟。

二、油氽类加工

油氽类主要是将原料通过油氽而熟。所用之油必须是植物油，以花生油、茶油为佳，也可用菜油或其他植物油。油氽之前，先将锅洗净，烧干水分，倒入油，待油烧沸后，可将原料分次倒入，用铲不断翻动。待原料转色后即可起锅，滤去余油，趁热洒入调料拌匀，冷却后即成。在油炸时，火要猛烈，否则原料驻油，不能酥脆，反而耗去大量的食油。

三、烧煮类加工

烧煮类主要是将原料与调料一起入锅烧煮一定时间，然后再烘干而制成成品。

（1）原料处理　在加工之前必须将原料加以精选，拣去霉、坏、虫蛀等变质的原料，并去净泥沙等杂质，然后将原料用清水冲洗干净，稍晾干待用。

（2）浸泡　将选好的原料加入清水或者开水（视原料不同而定）浸泡一定的时间。如需要去除表面胶质，则用石灰水浸泡。将原料倒入石灰水中浸泡，浸泡时，水面以浸没原料为限，然后将原料捞出，用清水冲洗干净，稍晾待用。

（3）烧煮　在锅中注入若干清水，用文火烧沸，加入各种配料，煎一段时间，再将原料倒入（若汁水淹不到原料上面，还需加入开水，直到淹没原料为止），翻动拌匀后，用旺火烧沸，然后盖严焖一下，再用文火烧煮，待锅中汤汁基本烧干时即可取出。也有些可将原料与配料同时入锅烧煮。

（4）干燥　取出后，可用文火焙干或风干，也可用太阳晒干。烧煮时要注意掌握火候。一般地说，先用旺火，后用文火。

第二节 炒制食品

一、甘草西瓜子

1. 原料配方

西瓜子 100kg，生石灰 10kg，花生油 2kg，甘草 0.6kg，精盐 5kg。

2. 工艺流程

原料选择→清洗→炒制→浸泡→成品

3. 操作要点

（1）原料选择、清洗 将生石灰溶入水中，加水量以能浸没瓜子为限，倒入西瓜子浸泡 5h，然后捞出，用清水漂洗干净，备用。

（2）炒制 取铁锅加 0.8kg 花生油置于旺火上烧至八成热，倒入洗净的西瓜子不断翻炒，待西瓜子中水分快干时再加 0.6kg 花生油，改用文火翻炒至西瓜子热后，第三次加入 0.6kg 花生油，稍加翻炒即可离火。

（3）浸泡 将甘草、食盐加水煮制，然后滤汁待用。将炒好的西瓜子趁热倒入甘草盐汁中，盖上盖浸焖 1～2h 即成。

二、五香瓜子

1. 原料配方

西瓜子 100kg，桂皮 125g，小茴香 62.5g，牛肉 100g，八角 250g，食盐 5kg，花椒 31.3g，生姜 125g，白糖 2kg，植物油 1kg。

2. 工艺流程

瓜子预处理→配料→预煮→入味→烘烤→摊晾→包装→成品

3. 操作要点

（1）瓜子预处理 原料除去杂质，剔出质次不能加工的瓜子；将水灌入储槽中，再把石灰投入水中，充分搅拌溶解，待多余的石灰沉淀后，取澄清的石灰液注入另一储槽，再将筛选的瓜子倒入石灰液中浸泡，浸泡时间 24h。经浸泡的瓜子捞出盛入粗铁筛内，用饮用水冲洗干净，并去除杂质和质次的瓜子。

（2）配料 按比例称取生姜、小茴香、八角、花椒、桂皮，封入两层纱袋内，纱袋要宽松，给香辛料吸水膨胀时留出空隙。香辛料需要封装若干袋，以备集中煮制瓜子使用。

（3）预煮 将浸泡清洗过的瓜子倒入夹层锅内，再倒入 4 倍的饮用水。然后拧开夹层锅蒸汽阀煮沸 1h，捞出盛入铁筛中冲洗干净。

（4）入味 一夹层锅盛入饮用水 70L，加入 10％的食盐，并放入香辛料、牛肉，然后加入瓜子，拧开夹层锅蒸汽阀煮沸 2h，此时需要经常添水至原容积。煮瓜子使用的香辛料，1 份可煮 2 次，使用完取出另行处理。牛肉每次煮 1h 取出，1 份牛肉可连续煮 500kg 瓜子。每次煮后，再补添水至原有的数量，并且添加 1％的食盐弥补消耗量。

（5）烘烤 将煮出的瓜子以 100kg 原料计，趁热拌入食盐和白糖，搅拌均匀。取洁净的竹算，上面铺塑料编织网，将瓜子均匀地撒在上面，每算的瓜子约 1kg。将装有瓜子的竹算送入烤房，排列在烤架上。烤房的温度一般为 70～80℃，烘烤约 4h。烘烤时间内还应经常启动排气机排潮，间隔 30min 排 1 次，每次 1～2min。

（6）摊晾 取出的瓜子要集中拌入植物油，用量为原料的 1％，拌植物油时要用油刷充分搅拌均匀。然后送入保温库均匀摊开，晾至表面略干，即可进行包装。

4. 注意事项

瓜子油脂含量很高，经高温加工后特别容易产生氧化变质，所以生产瓜子必须采取综合措施，尽可能延长瓜子的保质期。首先应控制好后加工温度，在瓜子含水量高时可采用 180℃左右高温，使水分尽快蒸发，瓜子含水量低于 20％时烘烤温度应控制在 150℃以下，至籽仁变硬时烘烤温度应降至 110℃左右。当瓜子仁表面由灰白变为略见微黄时，应迅速下线或出锅，如发现瓜子"成色"已到，出锅后的瓜子应迅速摊开，以防余热使瓜子"成色"过火。延长瓜子保质期的另一措施是，加工时添加瓜子专用抗氧化剂。尤其是在高温季节生产的产品，必须放抗氧化剂。原因是黑瓜子上亮时，由于加入了油脂，又多了一种易氧化变质的物质。烘烤后外加一定量食用油脂的目的是提高瓜子亮度和保持湿度且不容易反盐，但是由于瓜子皮壳密度低，隔氧能力差，所以更容易变质。添加适量抗氧化剂其成本增加甚微，因为其添加量为万分之一左右，保质期则可延长3～8倍。瓜子的氧化变质是有条件的，如氧的存在、温度、湿度及光照等都是促使氧化变质的条件。所以，选择包装时应选择透气性差的，包装袋的视物透明孔应当小一些，产品摆放时不能有阳光直射，库房要干燥通风，高温季节应设法调节库内温度。

三、十香瓜子

1. 原料配方

黑瓜子100kg，八角1.5kg，桂皮500g，公丁香300g，细壳灰（或石灰）1kg，肉桂500g，小茴香300g，甘草500g，食盐12kg，山柰500g，花椒300g，砂仁10g，麻油、五香粉适量。

2. 工艺流程

瓜子选择→浸泡→沥干→加香煮制→拌香料→焖制→摊晾→拌油→包装→成品

3. 操作要点

（1）瓜子选择　将颗粒饱满、无虫蛀、无破损、粒籽大的瓜子倒入缸中。

（2）浸泡、沥干　在缸中放进清水，加入细壳灰搅匀。水以淹没瓜子为度，浸10h左右捞出，用清水冲洗去黏液，漂净沥干备用。

（3）加香煮制、拌香料　将上述辛香料粉碎成粉后，分别包好。取清水30L，放入锅中加热煮沸，加入甘草、八角、小茴香、砂仁、肉桂、山柰等香料熬制30min后，再将瓜子投入搅拌。

（4）焖制　然后旺火烧沸，加入盐拌匀，盖严盖焖煮1h，再转微火煮，并加入花椒、公丁香搅匀，使瓜子静置锅中1夜。

（5）摊晾　次日清晨滤出瓜子，沥水，摊铺于竹席上晒至酥脆（晒干）。

（6）拌油、包装　擦些麻油，撒些五香粉即为气味芬芳的成品。也可用烘房进行人工干制。

四、多味葵花子

1. 原料配方

葵花子 100kg，花椒 200g，食盐 10kg，桂皮 1kg，八角 1kg，甜蜜素 50g，小茴香 1kg，奶油香精 50mL，胡椒粉 50g，水 150L，姜粉 30g。

2. 工艺流程

选择原料→煮瓜子──→磨光→干制瓜子→炒瓜子→成品

　　　　调味液　奶油香精

3. 操作要点

（1）调味液制备　将八角、桂皮、小茴香、花椒、胡椒粉、姜粉等配料用纱布袋装好，放入沸水中煮沸 30min。将调味料捞出即为调味液。

（2）煮瓜子　把葵花子、食盐、甜蜜素与调味液一同大火煮沸，然后改用文火连续煮 1～2h，每隔 10～15min 翻动 1 次，1h 后开始频繁翻动，使所有葵花子成熟一致，入味均匀，直至锅内水分基本炒干。

（3）磨光与干制瓜子　将瓜子起锅，趁热装入麻布口袋（一次不宜装太多），进行搓揉，尽量使每粒葵花子都摩擦掉黑皮，然后再洒上奶油香精，倒进热锅炒干或烘烤干，也可以在烈日下曝晒至干脆易嗑。

（4）炒瓜子　将已经磨光与干制的瓜子筛选分级，再用文火炒制，使白皮稍呈黄色为好。

五、奇香瓜子

1. 原料配方

瓜子 100kg，八角 2kg，桂皮 2kg，小茴香 2kg，花椒 300g，盐 6kg，糖精 200g，味精 200g。

2. 工艺流程

选择原料→煮配料→煮瓜子→炒干脱皮→成品

3. 操作要点

（1）选择原料　选取无霉烂变质、无虫咬、大小较均匀的瓜子。

（2）煮配料与煮瓜子　按配方将八角、小茴香、桂皮、花椒、盐、糖精、味精各装入布袋内封好，放入开水锅里煮。当开水锅里煮出味时再放入选出的瓜子，盖上易透气的织布。蒸煮时火要匀，勤翻动，以不烧干水为宜，蒸煮 1～2h 可捞起。再重新倒入新瓜子按以上方法可重复进行 6 次，配料即全部用完。

（3）炒干脱皮　将蒸煮好的瓜子放入旋转式瓜子机里炒干，脱去瓜子表面黑皮，火要小并均匀，约 1.5h 即可出机。

六、风味瓜子

（一）风味白瓜子仁

1. 原料配方

（1）麻辣味　白瓜子仁 100kg，盐 4.5kg，花椒 0.5kg，八角 1.3kg，桂皮 0.5kg，胡椒粉 1.0kg，甜蜜素 0.25kg。

（2）奶油味　白瓜子仁 100kg，白糖 10kg，盐 2.5kg，花椒 0.1kg，八角 0.2kg，桂皮 0.2kg，甜蜜素 0.1kg，奶油香精 0.2mL。

（3）怪味　白瓜子仁 100kg，白糖 10kg，盐 10kg，食用醋酸 2.5kg，花椒 0.3kg，八角 1.3kg，桂皮 0.5kg，胡椒粉 1.0kg，味精 0.2kg。

2. 工艺流程

白瓜子仁→称量→配料→煮沸→烘烤→包装→成品

3. 操作要点

（1）配料　取白瓜子仁、调料、水，料水比 1∶6。

（2）煮沸　将上述料、液煮沸 5min，浸润 2h。

（3）烘烤　采用微波炉烘烤 6.5～8min 即可。

（二）风味黑瓜子

1. 原料配方

（1）牛肉汁瓜子　黑瓜子 100kg，八角 0.4kg，桂皮 0.6kg，

小茴香 0.6kg，牛肉汁粉 20g，食用油 0.5kg，食盐 18～20kg，茶叶 0.3kg，黑矾 0.3kg，石灰 6kg。

（2）鸡汁瓜子　黑瓜子 100kg，八角 0.4kg，桂皮 0.6kg，小茴香 0.6kg，鸡肉汁粉 20g，食用油 0.5kg，食盐 18～20kg，茶叶 0.3kg，黑矾 0.3kg，石灰 6kg，苯甲酸钠 0.06kg。

（3）虾油瓜子　黑瓜子 100kg，八角 0.4kg，桂皮 0.3kg，小茴香 0.6kg，虾肉汁 1kg，食用油 0.5kg，食盐 18～20kg，黑矾 0.3kg，石灰 6kg，苯甲酸钠 0.06kg。

（4）甘草瓜子　黑瓜子 100kg，石灰 6kg，食用油 0.6kg，甘草 0.6kg，食盐 6kg。

2. 工艺流程

黑瓜子→筛选→浸泡→冲洗→蒸煮→烘烤→干炒→磨光→包装

3. 操作要点

（1）浸泡　石灰与水按 1∶10 的比例进行预溶解后，倒入水池中配成溶液，投入黑瓜子浸泡 12h。

（2）蒸煮　煮锅中依次加入黑瓜子、食盐、调配料，蒸煮 4h 左右，可加入适量防腐剂，以延长保存期。

（3）烘烤　在 60% 的烘房内连续烘烤 8～10h，使瓜子含水量在 32% 以下。

（4）干炒　用炒锅炒 15～20min，使其含水量在 10% 以下。磨光时每 100kg 黑瓜子拌入食用油 2kg。

七、牛肉汁西瓜子

1. 原料配方

西瓜子 100kg，小茴香 1kg，八角 1kg，牛肉汁 100L（或牛肉精粉 2kg），精盐 10kg，生石灰 5kg。

2. 工艺流程

选择原料→浸泡→煮配料→煮制→炒干脱皮→成品

3. 操作要点

（1）选择原料、浸泡　将石灰倒入 100kg 水中，溶化后加入筛选后的瓜子。浸泡 5～8h，然后捞出，用清水漂洗干净，去掉壳上黏膜。

（2）煮配料、煮制　将洗净的西瓜子倒入锅中，放入精盐、八角、小茴香和牛肉汁浸泡 3～4h，然后置于旺火上煮沸至热。

（3）炒干脱皮　将煮好的西瓜子捞出，沥去牛肉汁和香料，然后再放入烧热的铁锅中，用文火翻炒至干。要勤翻搅，以免炒煳。或用旋转炒锅加工。

　　4．注意事项

为了增加风味，可在调味料配方中增加味精、增鲜剂 I＋G 及肉味水解蛋白液。为了延长货架，可添加瓜子专用的抗氧化剂。

八、保健瓜子

　　1．原料配方

瓜子 100kg，人参 0.7kg，黄芪 1kg，五味子 0.6kg，甘草 1.5kg，八角 1kg，小茴香 1.5kg，桂皮 2kg，丁香 0.2kg，蔗糖 3kg，精盐 12kg。

　　2．工艺流程

中草药→煮沸→中草药煮液

原料→筛选→烘干→混合→煮沸→烘干→后处理→包装

配料→煮沸→配料煮液

　　3．操作要点

（1）原料、筛选、烘干　将瓜子筛选，除去破损子、砂土杂质等，用水漂洗后，送入烘干机烘干 25min。取烘干后的瓜子 100kg 备用。

（2）配料　先将配方中 4 种中草药洗净切碎，投入 13kg 水中，通过铁釜以温火煮沸 150min。捞出药渣，称取 10kg（不足用水补至 10kg），即为中草药煮液。

（3）煮液　再取八角、小茴香、桂皮、丁香洗净后投入 95kg 水中，用铁釜以温火煮沸 90min，捞出配料渣，称取 100kg（如不足用水补至 100kg），即为配料煮液。

（4）混合　将中草药煮液及配料煮液混合，将蔗糖、精盐投入混合液中拌匀，使其溶液配成煮液。

（5）煮沸　将备用的瓜子 100kg 投入混合煮液中，以温火在铁釜中持续煮沸 125～145min。煮沸是重要工序，须使所有的中草药及调料充分渗透于原料中。

（6）烘干　将煮好的瓜子出釜送入紫外线烘干机，烘干至脱去 90％的水分。对瓜子进行防干处理，即在表面擦以少许芝麻油及蔗糖，经检验、装袋、包装、入库。

九、玫瑰瓜子

1. 原料配方

黑瓜子 10kg，食盐 0.5kg，糖精 10g，五香粉 300g，公丁香粉 100g，开水 6L，玫瑰香精 30mg，食用红色素少许。

2. 工艺流程

选择原料→煮配料→煮制→炒制→成品

3. 操作要点

（1）煮配料　将水煮沸，加入食盐、糖精、五香粉、公丁香粉及食用红色素，搅拌均匀，即为配料液。

（2）煮制　把选好的瓜子洗净，放在缸中，倒入制作好的配料液，滴入玫瑰香精，搅拌均匀，加盖放置 24h，期间要翻 3～4 次。

（3）炒制　将瓜子取出，沥干水分，投入铁锅炒制。开始时火力不宜过大，待水分炒干后，略加大火力，翻炒要快，待瓜子壳面中心呈现芝麻黑点时，要控制火势，慢慢焙炒至熟，即为成品。

十、奶油瓜子

（一）奶油葵花子

1. 原料配方

葵花子 100kg，食盐 10kg，香兰素 50kg，奶油香精 0.1kg，甜蜜素 500g，炒制用白沙 150kg 左右。

2. 工艺流程

选择原料→炒瓜子→浸泡瓜子→复炒瓜子→成品
　　　　　　　　　　　　　↑
　　　　　　　　　　　　增香剂

3. 操作要点

（1）选择原料　选取无霉烂变质、无虫咬、大小较均匀、干净的瓜子。

（2）炒瓜子　在滚筒炒锅内放入白沙，炒热后投入选择的瓜子，启动鼓风机催火炒 10min，待瓜子烫手时出锅，筛去沙子。

（3）浸泡瓜子　在铁锅中加入 30kg 水和 10kg 食盐，加热至起盐霜，然后溶入甜蜜素，冷后待用。将炒过的瓜子趁热倒入盐水中，令其及时吸收盐水，使咸味能渗透到瓜子里，然后捞起沥干。注意盐水要浸透瓜子，否则成品色味不佳。泡好的盐水使用几次后浓度降低，需添加盐和甜蜜素。

（4）复炒瓜子　调味后的瓜子要复炒，要用文火，火力要均匀，使瓜子水分逐步蒸发，咸甜味逐步被瓜子肉吸收。约炒 50min，待瓜子表面有白霜，倒入用少量水溶化的香兰素及香精，翻炒均习，即可出锅。

4. 注意事项

第一次炒制的目的是为了提高瓜子温度，减少瓜子的水分含量，使瓜子在浸泡过程中吸收较多的调味液。因此第一次炒制只需炒至烫手为止，一般在 70~80℃ 之间，不必炒熟。复炒时火不宜旺，因为若用急火炒，瓜子壳面的盐及调料反被铁锅吸附，而使瓜子壳表面盐霜呈棕黄色，团此需用文火缓炒。

（二）奶油西瓜子

1. 原料配方

西瓜子 100kg，花生油 2kg，白糖 1kg，生石灰 10kg，香兰素 50g，牛奶香精 100mL。

2. 工艺流程

选择原料→浸泡→配料→炒制→晾凉→调味→成品

3. 操作要点

（1）浸泡　将石灰溶入水中，加水量以能浸没瓜子为限，倒入西瓜子浸泡 5h。然后捞出，用清水漂洗干净，备用。

（2）配料、炒制　取铁锅置旺火上烧热，加 1/3 的油烧至八成热，倒入西瓜子不断翻炒，待西瓜子中水分快干时，再加入另外

1/3 油，改用文火翻炒至西瓜子肉熟后，迅速均匀洒入用少量沸水将糖溶化的糖液，同时加入剩下的 1/3 花生油和用少量水化开的香兰素溶液，稍加翻炒即可离火。

（3）晾凉、调味 将炒好的西瓜子晾凉后，加入牛奶香精拌匀即成。

4. 注意事项

牛奶香精应为水油两用型。配方中可加入甜蜜素。

十一、奶茶香南瓜子

1. 原料配方

茶叶 60g，甘草 6g，食盐 10g，新鲜南瓜子 500g，甜蜜素 4g，奶油香精 0.5g。

2. 工艺流程

茶叶→粗粉碎→浸提→过滤→茶叶浸提液

南瓜子→清洗→新鲜南瓜子→混合（加食盐）→浸泡

甘草→粗粉碎→煮沸浸提→过滤→甘草浸提液

成品←喷香精水←摊晒←过滤←

3. 操作要点

（1）新鲜南瓜子的制备 采收 9 月中旬完全成熟的南瓜，按瓜的形状横向切开，将瓜子取出，放在清水中洗净，捞起，剔除腐烂、损坏、空瘪的南瓜子，待用。

（2）茶叶浸提液的制备 选择当年产的茶香味较浓的绿茶，先进行粗粉碎，然后放入 80～90℃ 的水中浸提 25min，用 120 目滤网过滤，除去茶渣，得茶叶浸提液 500mL。

（3）甘草浸提液的制备 将条状的甘草切成薄片，为增加甘草的浸出率，用粉碎机将甘草片进行粗粉碎，然后放入沸水中煮 5～10min，浸提 30min，用 120 目滤网过滤，除去甘草渣，得甘草浸提液 500mL。

（4）混合、浸泡 将过滤后所得的茶叶浸提液、甘草浸提液混合，并加入食盐，把清洗干净挑选好的新鲜南瓜子放入混合液中，浸泡至瓜子稍涨起为止，浸泡时间一般为 2h，浸泡液温度为 60℃左右。

（5）过滤、摊晒　用滤网将浸泡液滤去，及时把南瓜子薄摊在席子或模板木板上，放在通风干燥处晾晒，晒至瓜子含水分 6％左右为宜。

（6）喷香精水、成品　预先将甜蜜素用水溶解，滴入奶油香精制成香精水。将香精水均匀喷洒到浸泡晒干的南瓜子上，即成为奶茶香南瓜子。

第三节　油炸食品

一、油炸蚕豆

1. 原料配方

蚕豆适量，油适量。

2. 工艺流程

原料选择及处理→浸泡→脱皮→脱水→油炸→脱油→调味→包装→成品

3. 操作要点

（1）原料选择及处理　选择籽粒丰满、形状大小均匀的无霉变蚕豆，去除杂质、黄板、小粒，除去泥灰和淘去瘪粒，并清洗干净后按大小分级。

（2）浸泡　将预处理后的蚕豆在室温下浸泡 30h 左右，以蚕豆即将发芽，易剥皮时为宜。

（3）脱皮、脱水　将浸泡好的蚕豆捞出后，沿轴向切口脱皮。也可用双辊胶筒脱皮机脱皮，分离皮壳后的豆瓣入水浸洗。经以上工序处理后的蚕豆瓣用离心机脱水。

（4）油炸　将脱水处理后的蚕豆瓣用饱和度较高的精炼植物油或氢化油在 180～190℃下，油炸 6～8min（实际生产中，油炸时间与批量、油温等参数有关），以成品酥脆为宜。

（5）脱油、调味、包装 用离心机脱去油炸后的蚕豆瓣表面的附油，根据需要，加粉末调味料，拌匀。得到的成品冷却至室温时，称重包装。

二、怪味蚕豆

1. 原料配方

蚕豆 1500g，白砂糖 75g，饴糖 17.5g，熟芝麻 5g，辣椒 0.75g，花椒粉 0.75g，五香粉 0.2g，甜酱 10g，味精 0.5g，精盐 0.2g，白矾 1.75g，植物油 50g。

2. 工艺流程

原、辅料处理→油炸→调味→包糖衣→冷却→包装

3. 操作要点

（1）原、辅料处理 选择籽粒完好，无霉变无虫蛀的蚕豆、清理除杂后，淘洗干净，用清水浸泡30h左右，取出后剥去外壳，然后放入白矾水中浸泡 3～10h，取出漂洗干净、沥干水分，备用。白砂糖、饴糖加100g水溶化后，过滤，备用。

（2）油炸 将植物油放锅内，用旺火加热至沸，然后将处理好的蚕豆分批放入油炸，炸至蚕豆酥脆时即可捞出。

（3）调味 将植物油先放入锅内加热，待油热后，放入甜酱、五香粉、味精、盐等拌均匀，再将炸好的蚕豆倒入酱料中，搅拌上味。

（4）包糖衣 另取一干净的锅，将溶化好的糖液倒入，加火熬至115℃后，将糖水慢慢地浇拌在拌好调味料的蚕豆上，边浇边翻动使蚕豆外层均匀地粘上糖衣。

（5）冷却、包装 上好糖衣的蚕豆，自然冷却至室温，立即包装。

三、兰花豆

1. 原料配方

蚕豆 10kg，辣椒 160g，精盐 500g，花椒粉 100g，五香粉 100g，糖精 1.5g，清水 10kg，花生油适量。

2. 工艺流程

原料处理→浸泡→油炸→调味→冷却→包装

3. 操作要点

(1) 原料处理　选择籽粒完好、无霉变、无虫蛀的蚕豆,除杂后淘洗干净,放入桶中。

(2) 浸泡　将清水烧沸,加入100g盐和糖精,搅匀,倒入装有蚕豆的桶中,加盖浸泡1天后取出。用刀将每颗蚕豆的端头纵横各划1刀,呈十字形,然后把蚕豆晾干。

(3) 油炸　将油加热至沸,然后将处理好的蚕豆倒入烧沸的油锅中,用旺火油炸蚕豆,至蚕豆表面开花、豆壳呈紫色时迅速捞出,滤去油,准备调味。

(4) 调味　将辣椒去蒂,切成细末,与盐、五香粉拌匀,入锅,用温火炒片刻起锅。将精盐、五香粉、辣椒、花椒粉拌入油炸的蚕豆中,搅拌均匀,冷却即为成品。

四、酥蚕豆

1. 原料配方

蚕豆750g,面粉200g,明矾10g,精盐、五香粉、芝麻油各适量。

2. 工艺流程

原料处理→浸泡→调味→油炸→成品

3. 操作要点

(1) 浸泡　将蚕豆洗净放入盆内,加明矾和清水浸泡12h左右。涨发后,去皮掰成两瓣。

(2) 调味　将发好的蚕豆放入盆内,加面粉、五香粉、精盐和清水200mL,反复搅拌均匀,使每只豆瓣都涂上稠的面粉浆。

(3) 油炸　锅置中火上,倒入芝麻油烧至六成热。将粘有面粉浆的豆瓣舀入中间凸起、周围凹下的铁勺内,铺匀拍平,下锅炸。待蚕豆炸至快离勺时,翻入锅内取出铁勺,继续炸至漂浮不翻花时,出锅控净油即成。

4. 质量要求

产品豆色深棕有光泽,豆肉淡黄,入口酥脆。

五、五香花生米

1. 原料配方

(1) 配方一　花生米 10kg，食盐 800g，五香粉 400g。

(2) 配方二　八角 0.2%，花椒 0.1%，桂皮 0.1%，生姜 0.1%，食盐 3%，老抽 1%，味精 0.4%，白糖 1%，花生 94.1%。

2. 工艺流程

花生仁→精选→清洗→热烫→腌制→装袋密封→杀菌→保温→检验→成品

3. 操作要点

(1) 精选　要求选用新鲜花生仁，无霉变，无杂质。

(2) 热烫　将洗净的花生仁倒入热水中，热烫 3min。

(3) 腌制　将调味料放入锅内，加适量水煮成调味液，放入花生仁，腌制 2~4h。

(4) 装袋密封　将腌制好的花生仁按规格计量分装，装袋后用真空包装机封口，封口条件为真空度 0.09MPa，热封电压 30kV。

(5) 杀菌　将装袋密封后的花生仁放入高压杀菌锅内杀菌，杀菌条件为温度 121℃，时间 30min。

六、怪味花生米

1. 原料配方

花生米 5kg，白糖 2.5kg，饴糖 600g，甜酱 350g，熟芝麻 150g，盐 65g，辣椒粉 40g，花椒粉 40g，味精 17g，五香粉 7g，植物油 1.5kg。

2. 工艺流程

原料处理→浸泡→油炸→拌料→上糖衣→冷却→包装→成品
↑
调味料制备

3. 操作要点

(1) 原料处理　选用颗粒饱满、大小均匀、干净、未脱红衣的花生米。经精选去除霉变、发芽、虫蛀、破碎及过大或过小的颗粒，以及其他杂质，然后用清水漂洗去除浮尘，捞出沥干。

（2）浸泡　将精选去杂后的花生米用冷水浸泡 2～4h，然后捞出沥干。

（3）油炸　先用旺火将植物油烧开，再将沥干后的花生米投入，并缓缓搅动，待花生米被炸至酥脆时捞出，沥干油。

（4）调味料制备　先将植物油烧熟后，加入甜酱，稍炸数分钟，即离火冷却。再将熟芝麻、辣椒粉、花椒粉、五香粉、味精、盐等辅料混合搅拌均匀，然后加入炸制后的甜酱，搅拌均匀。

（5）拌料　将炸好的花生米倒入辅料中，充分拌匀。

（6）上糖衣　将白糖、饴糖加水 300～400mL，放入锅内边搅拌边熬煮，至温度达 110～120℃时，慢慢将其浇在拌好辅料的花生米上，边浇边翻动，使花生米均匀地粘上糖衣。

（7）包装　晾冷后包装即为成品。

七、琥珀花生仁

1. 原料配方

花生仁 10kg，白砂糖 10kg，饴糖 2kg，食用油少许，水适量。

2. 工艺流程

花生仁→挑选→洗净→煮制→炒制→冷却→包装→成品

3. 操作要点

（1）挑选、洗净　要严格剔除霉变发芽的花生，选择颗粒饱满、大小均匀、干净不掉皮的花生，用清水洗净。

（2）煮制　用适量的水将白砂糖溶化，然后将糖液过罗除去杂质，再加入与白砂糖等量的花生米与糖液共煮。

（3）炒制　花生米与糖液共煮时，花生表面充分均匀地粘满糖液，由于不断搅拌和加热，水分不断蒸发，致使花生表面所粘的糖开始返砂并形成不规则的晶粒，即调节火候。改用文火炒制约 1～2min，促使返砂。待返砂均匀，再把文火调成武火，并加速搅拌，当返砂糖晶遇到高温，又开始熔解，待熔解 70％时加入食油，搅拌均匀，同时返砂糖晶继续熔解至 90％左右，加入少量饴糖，迅速搅拌，随即出锅。

（4）冷却、包装　出锅后平摊在装有流动水的冷却台上，完全凉透后包装。

八、鱼皮花生仁

1. 原料配方

花生米 25kg，麻油 500g，标准粉 15kg，酱油 4kg，大米粉 7kg，味精 50g，白砂糖 4kg，山柰 50g，饴糖 3kg，八角 50g，泡打粉 150～200g。

2. 工艺流程

```
                  制调味液
                    ↓
选料→成型→阴干→烘烤→调味→冷却→包装→成品
        ↑
      调粉
```

3. 操作要点

（1）选料 挑出霉变、碎瓣及不规则的花生，筛出大、中小粒，分别保管使用。

（2）调粉 将面粉 10kg 和大米粉 7kg 在搅拌机中混合均匀，制成调合粉，待打豆时用。

（3）制调味液 将饴糖放入锅中，加热，并加入白砂糖加热溶解后离火。加入香料汁的一半（山柰、八角加清水煮沸 20min 左右，取汁，再煮，取汁，将 2 次汁合在一起，加入味精、酱油，为调味香料汁）。待冷却至室温加入泡打粉。

（4）成型 先将花生米放入转锅中，开机转动。随后将糖汁细而均匀地浇在花生米上，再薄薄撒一层标准粉（3kg 左右），然后浇一层糖汁，撒一层调合粉，直到将调合粉全部撒在花生米上为止。最后再把剩下的标准粉 2kg 撒在花生米表面上，裹实摇圆便可出转锅。

（5）阴干 成型的半成品摊开、阴干，夏季在 24h 左右，冬季 60h 左右，即可烘制。

（6）烘烤 将成型的半成品装入烤炉的转笼中，推入烤炉，开启转笼及加热器。初烤时可用木棒随时敲打转笼，不使黏结，烤至笼内发出阵阵"喀喀"声，表面呈微黄色时，即可起炉检查，剖开产品，里面花生仁呈牙黄色，马上倒入调味料锅中，待调味。

（7）调味　按1∶1的比例加清水将酱油稀释，然后加热煮沸后，加入另一半调味汁，混合均匀。趁出炉的熟坯趁热迅速适量泼上调味液，开动机器搅拌均匀，然后转入大转盘中，冷却，表面撒上少量熟清油，混合均匀。

（8）包装　凉后将变形、烤煳等次品剔除。其余用塑料袋包装。

4. 注意事项

（1）有的厂家先将花生仁烤熟后再裹粉，这样花生易烤熟而酥。

（2）可将配方中的酱油量减少，将所有的调味液都加入到糖液中。而在调味工序，把调味液改为稀胶液，如阿拉伯胶，其中加入少量熟油，调拌后使产品表面较光亮，且颜色浅。

（3）将配方中的面粉全部改成米粉，但需经特殊处理，使淀粉变性。如将米蒸熟，风干，陈化，粉碎成粉等，使米粉失去燥性，淀粉 α 化。在烘烤时有利于淀粉膨化而酥脆。

九、香酥多味花生

1. 原料配方

花生米 1kg，标准面粉 1kg，白糖 1kg，食用油 2kg，食用级 $NaHCO_3$ 4g，食用级 NH_4HCO_3 1g，辣椒粉、花椒粉、食盐等适量。

2. 工艺流程

　　　　　　制备糖浆　　　　　　　　制粉
花生米→淋糖浆→沥去多余糖浆→裹粉→筛圆→第二次淋糖浆─
─沥油←出锅←油炸←第三次裹粉←第三次淋糖浆←第二次裹粉←┘
└→上佐料→冷却→包装→成品

3. 操作要点

（1）制备糖浆　将白糖和水的比例为 1∶2 的白糖加入水中，加热溶化成糖浆。

（2）制粉　在面粉中加入 0.4% 的 $NaHCO_3$ 和 0.1% 的 NH_4HCO_3，混匀。注意，$NaHCO_3$ 和 NH_4HCO_3 事先要研成很

细的粉末。

（3）淋糖浆　将花生米置于筛网上，均匀淋上一层糖浆，静置几分钟以沥去多余糖浆。

（4）裹粉　将淋有糖液的花生米倒入面粉中，使花生米均匀地粘上一层面粉，将粘在一起的花生米分开，筛去多余面粉，并将花生米筛成球形。

（5）第二次、第三次淋糖浆和裹粉同第一次，只是淋糖浆时动作要慢。

（6）油炸　油烧至七成热，将裹好粉的花生放入炸至金黄色，出锅，沥干油，趁热上佐料。

（7）上佐料　使用前先将调味料研成细粉末，用铁锅炒热至稍有焦味，倒入刚炸好的花生中，迅速拌匀，冷却后即可包装。

十、麻辣杏仁

1. 原料配方

清水 100kg，花椒 6.5kg，干望天椒 9kg，食盐 3kg，麻辣水 20kg，杏仁 5kg。

2. 工艺流程

```
          麻辣水配制
             ↓
杏仁→煮制→甩水→油炸→冷却→甩油→包装
```

3. 操作要点

（1）麻辣水配制　清水 100kg 加入花椒 6.5kg，熬煮 60min，加入干望天椒（剁碎）9kg，再煮 10min 出锅过滤。加水调整重量至 100kg，花椒和辣椒的用量可根据当地居民的饮食习惯增减。

（2）煮制　清水 100kg 加入精制食盐 3kg，煮沸后加麻辣水 20kg。每次加入杏仁 5kg，煮 10min 出锅。每锅水煮 3 次杏仁后酌量补加盐和麻辣水。

（3）甩水　将煮好的杏仁置离心机中于 1600r/min 甩水 1min，以去掉余水。这对于缩短油炸时间和防止沸油外溢很有作用。

（4）油炸　食用植物油加入抗氧化剂，抗氧化剂和油重的配比为没食子酸丙酯 0.03%、柠檬酸 0.015%、乙醇 0.09%，将三者搅拌成溶液后加入油中。将油加热至 160～170℃时开始油炸。为了保证油炸时间一致，应将杏仁平铺于铁筛中下锅，油炸 3～4min 至杏仁上浮并呈浅褐色时将筛端出，冷却并沥油。

(5) 甩油　将炸后、冷却的杏仁置离心机中于 1600r/min 甩油约 1.5min，甩去浮油。

(6) 包装　将成品定量装于经消毒的瓶或复合薄膜袋中，抽真空密封。

第五章　肉类休闲食品

第一节　肉品加工技术

一、肉干加工方法

肉干的加工工艺主要包括原料肉的选择和处理、水煮、卤煮、脱水、包装和贮藏等。

1. 原料肉的选择和处理

选择符合食品卫生标准的新鲜优质原料肉，例如猪肉和牛肉，均是以后腿的瘦肉为佳。先将原料肉的皮、骨、脂肪和筋腱剔去，切成约 0.5kg 大小的条块，放入清水浸泡 1h，除取血水、污物，再用清水漂过、洗净、沥干。

2. 水煮

将肉块放入锅中，用清水煮开，水和肉之比为 1∶1，煮约 20min，待肉块过红、发硬，然后捞起，撇去肉汤上的泡沫，原汤待用。

3. 切坯

肉块晾凉后，按条、块、片、丁不同规格切成肉坯。但不管是什么形状，要求大小一致。

4. 辅料配制

根据不同产品配方准备辅料，并按要求进行预调制。例如五香粉、咖喱粉、红油辣椒等，需预先按要求调制备用。

5. 卤煮

将各种预调制的辅料放入原汤中熬煮，到汤汁浓度增加后，再放入切好的肉坯，旺火烧煮约 10min 后中火焖煮，最后用文火收汁，到汁水将干时，翻炒至松散的肉干取出。

6. 脱水

脱水的方法主要有烘烤法、炒干法和油炸法三种。

（1）烘烤法　将收尽锅内汤汁的肉丁或肉片铺在烤筛上，用炕房或烤箱在 60～80℃烘烤，约需 6～8h。烘烤时要翻筛 2～3 次，以防烤焦，烤到肉坯质地发硬变干时即可。成品率为 30%～35%。

（2）炒干法　肉坯在原锅内，用文火加温，用锅铲不停地翻炒，炒至肉坯表面微微出现绒毛飞时，即可出锅，冷透后即为成品。成品率约 32%。

（3）油炸法　将肉丁或肉片投入 135～150℃的菜油锅中油炸。油炸时要掌握好肉坯的量与油温的关系，如油温高，火力大时，应投入较多的湿坯；反之，投入的肉坯应减少。因为油温过高，容易炸焦，产品带焦煳味；油温过低，肉坯不易炸干，色泽亦差。炸到肉坯呈微黄色时，用瓢捞起，滤尽余油。

在以上三种方法中，亦有先烘干再上油衣的，如四川丰都的"丰都牌"麻辣牛肉干就是采用烘干后再用菜油或麻油炸酥起锅。

麻辣肉干等产品在脱水后需再调香，加入辣椒、花椒、白糖、味精等辅料。

7. 包装和贮藏

肉干用陶瓷缸或塑料袋热合封口，可在常温下保存 2 个月；用纸袋包装后，再烘烤 1h，可以防止发霉变质，能延长保存期；装入玻璃瓶或马口铁罐中，保存期 3～5 个月。肉干较佳防腐包装方式是真空复合袋抽真空包装。

二、肉松加工方法

肉松加工工艺流程主要是：原辅料选择→原料修整→精肉过磅下锅→煮制→起锅分锅→撇油（加入辅料）→回红汤→炒干、加入辅料→炒松→擦松（化验水分）、跳松→拣松→检验→包装。

1. 原辅料选择

原料是经兽医卫生检疫合格的新鲜后腿肉、夹心肉和冷冻分割精肉。其中后腿肉是做肉松的上乘原料，具有纤维长、结缔组织少、成品率高等优点。夹心肉的肌肉组织结构不如后腿肉，纤维短，结缔组织多，组织疏松，成品率低。为了取长补短，降低成本，通常将夹心肉和后腿肉混合使用。冷冻分割精肉也可作肉松原料,但其丝头、鲜度和成品率都不如新鲜的后腿肉。

辅料搭配得好能确保肉松的色泽美观、滋味鲜美。常用于肉松的辅料主要有酱油、精盐、白砂糖、味精等,由于各地的口味不同,辅料及其比例也就各有所异。

2. 原料修整

原料修整包括削膘、拆骨、分割等工序。

(1) 削膘　削膘就指将后腿肉、夹心肉的脂肪层与精肉层分离的过程。可以从脂肪与精肉接触的一层薄薄的、白色透明的衣膜处进刀,使两者分离。要求做到分离干净,也就是肥膘上不带精肉,精肉上不带肥膘,剥下的肥膘可以作为其他产品的原料。

(2) 拆骨　将已削去肥膘的后腿肉和夹心肉中的骨头取出。拆骨的技术性较强。要求做到骨上不带肉,肉中无碎骨,肉块比较完整。

(3) 分割　把肉块上残留的肥膘、筋腱、淋巴、碎骨等修净,然后顺着肉丝切成 1.5kg 左右的肉块,便于烧煮。如不按肉的丝切块,就会造成成品纤维过短的缺点。

3. 煮制

煮制是肉松加工工艺中比较重要的一道工序,它直接影响肉的纤维及成品率。煮制一般分为以下几个环节。

(1) 原料过磅　每口蒸汽锅可投入肉块 180kg。投料前必须过磅,遇到老和嫩的肉块要分开过磅,分开投料,腿肉与夹心肉按 1:1 搭配下锅。

(2) 下锅　把肉块和汤倒进蒸汽锅,放足清水。

(3) 撇血沫　蒸汽锅里水煮沸后,以水不溢出为原则。用铲刀把肉块从上至下,前后左右翻身,防止粘锅。同时把血沫撇出,保持肉汤不混浊。

(4) 焖酥　计算一锅肉焖酥时间可从撇血沫时开始至起锅时为止。季节、肉质老嫩程度不同,酥焖时间也不一样,一般肉质较老的酥焖时间在 3.5h 左右。每隔一段时间必须检查锅里肉块情况。酥焖阶段是烧煮中最主要的一个环节。肉松纤维长短、成品率高低都是焖酥阶段中形成的。

检查锅里肉块是否焖酥一般要求按以下操作方法进行，即把肉块放在铲刀上，用小汤勺敲几下，肉块肌肉纤维能分开，用手轻拉肌肉纤维有弹性且不断，说明此锅肉已焖酥。如果肉块用小汤勺一敲，丝头已断，说明此锅肉已煮烂，焖酥时间过头了。用小汤勺敲几下肉块仍然老样子，还必须焖煮一段时间。

（5）收汤　油脂撇清后，锅里留有一点红汤（包括倒回去的红汤），必须与肉一起烧煮，称为收汤。在收汤时蒸汽压力不宜太大，必须不断地用铲刀把肉翻动，主要是使红汤均匀地被肉质吸收，同时也不粘锅底，防止产生锅巴，影响成品质量。收汤时间一般在 $15\sim30min$。

（6）第二次加入辅助料　收汤以后还须经过 30min 翻炒，即可第二次加入辅助料：绵白糖、味精。结块的糖要先捏碎才能放入锅里。半制品肉松中含有比较多的水分，糖遇热后变成糖水，这时翻炒要勤，否则半制品肉松极容易粘锅底。

（7）炒干及过磅　经过 45min 左右的翻炒，半制品肉松中的水分减少，把它捏在手掌里，有糖汁留下来时，可以起锅过磅。一锅半制品肉松分装在四个盘里，等待炒松。

4. 炒松

炒松的目的是将半制品肉松脱水成为干制品。炒松对成品的质量、丝头、味道等均有影响，一定要遵守操作规程。操作是先将半制品肉松倒入热风顶吹烘松机，烘 45min 左右，使水分先蒸发一部分。然后再将其倒入铲锅或炒松机进行烘炒。半成品肉松纤维较嫩，为了不使其受到破坏，要用文火烘炒，炒松机内的肉松中心温度以 55℃为宜，炒 40min 左右。然后，将肉松倒出，清除机内锅巴后再将肉松倒回去进行第二次烘炒，这次烘炒 15min 即可。分 2 次炒松的目的是减少成品中的锅巴和焦味，提高成品得量。经过 2 次烘炒，原来较湿的半制品肉松会变得比较干燥、疏松和轻柔。

烘炒以后还要进行擦松，擦松可以使肉松变得更加轻柔，并出现绒头，即绒毛状的肉质纤维。擦好后的肉松要进行水分测定，测定合格后，才能进入跳松、拣松阶段。

炒松工序对成品质量的影响在于，当炒松时肉松水分如在规定标准1%以下，就会造成肉松成品率低，纤维短；炒松时如用大火，容易结锅巴，成品率也低，成品有轻度焦味或肉松纤维较硬。

5. 跳松、拣松

跳松是把混在肉松里的头子、筋等杂质，通过机械振动的方法分离出来。拣松是为了弥补上述机器跳松的不足，而采用人工方法，把混在肉松里的杂质进一步拣出来。拣松时要做到眼快、手快，拣净混在肉松里的杂质。拣松后，还要进行第二次水分测定、含油率测定和菌检测定。在各项测定指标均符合标准的条件下方可包装。

6. 包装

包装是把检验合格后的肉松按不同的包装规格密封装袋，一要分量准确；二要封牢袋口。本工序对成品质量的影响是，成品水分超过规定标准，主要是肉松没有立即包装，或塑料袋封口漏气，致使肉松返潮。

三、肉脯加工方法

肉脯加工工艺流程主要是鲜肉→选料→预处理→冷冻或不冷冻→切片→调味→铺盘→烘干→成型→焙烤→冷却→包装。

1. 选料、预处理

选用健康猪的后腿肉或精牛肉，经过剔骨处理，除去肥膘、筋膜，顺着肌纤维切成块，洗去油污，需冻结的则装入方型肉模内，压紧后送冷库内速冻，至肉块中心温度达到$-2\sim-4℃$时，取出脱模，将冷冻的牛肉放入切片机中切片或人工切片。切片时必须顺着牛肉的纤维切片。肉片的厚度控制在$1\sim1.5cm$，然后解冻、拌料。不冻结的（如达县灯影牛肉）肉块排酸嫩化后直接手工片肉、拌料。

2. 调味

肉片可放在调味机中调味。调味机的作用一是将各种调味料与肉片充分混合均匀；二是起到按摩作用，肉经搅拌按摩，可使肉中盐溶蛋白溶出一部分，使肉片带有黏性，便于在铺盘时肉片与肉片之间相互连结。所以，在调味时应注意要将调味料与肉片均匀地混合，使肉片中盐溶蛋白溶出。

3. 铺盘

铺盘的工序目前均为手工操作。步骤是首先用食物油将竹盘刷一遍，然后将调味后的肉片铺平在竹盘上，肉片与肉片之间由溶出的蛋白胶相互粘住，但肉片与肉片之间不得重叠。

4. 烘干

将铺平在竹盘上的已连成一大张的肉片放入干燥箱中，干燥的温度在 55～60℃，干燥时间 2～3h。烘干至含水分在 25％为佳。

5. 成型

烘干后的肉片是一大张，将这一大张肉片从竹盘中揭起，用切形机或手工成型，一般可切成 6～8cm 的正方形或其他形状。

6. 焙烤

牛肉片烘干、成型后可进行焙烤，烤炉温度控制在 280～350℃，时间 8～10min，以烤熟为准，不得烤焦。也有的产品不需焙烤，如达县灯影牛肉，烘烤、切形后加入香油等即为成品。

7. 冷却、包装

烤熟的肉脯在冷却后应迅速进行包装，包装可用真空包装或充氮气包装，外加硬纸盒按所需规格外包装。也可采用马口铁罐大包装或小包装。塑料袋包装的成品宜贮存在通风干燥的库房内，保存期为 6 个月。

四、肉糜脯加工方法

1. 配料

原料可用牛、猪、禽、兔、鱼之肉。原料经剔骨，去净肥膘、皮、粗大的结缔组织（筋、腱、软骨），再切成小方块。常用辅料包括食盐、酱油、白糖、白酒、蛋、味精、鱼露、胡椒及其他香辛料、硝酸钠等。

2. 斩拌、推盘

将小肉块倒入斩拌机内进行剁制、斩碎、乳化，使肌肉细胞被破坏释放出最多的蛋白质，达到最好的黏结性，同时加入配料起搅拌作用，斩拌成非常黏合的糊状为止。在斩拌过程中需加入适量的冷开水，一方面可增加肉馅的黏着性和调节肉馅的硬度；另一方面可降低肉馅的温度，防止肉馅因为高温而发生变质。斩拌结束后，静置 15min，让调味料充分渗入肉内，然后将肉糜倒入烘烤盘内推盘，要求厚度为 1.5～2mm，均匀一致。

3. 烘烤

分两个阶段，第一次烘烤，烘房温度 65℃，时间 5～6h，取出使其自然冷却；第二次烘烤，温度 200～250℃，时间约 1min，至肉片收缩出油，呈棕红色为止。然后用压平机将肉片压平，切成 8cm×12cm 的长方块。

4. 包装和贮藏

烤熟的肉糜脯在冷却后应迅速进行包装，包装可用真空包装或充氮气包装，外加硬纸盒按所需规格外包装。也可采用马口铁罐大包装或小包装。塑料袋包装的成品宜贮存在通风干燥的库房内，保存期为 6 个月。

第二节　肉　干　食　品

一、五香肉干

1. 原料配方

（1）配方一　猪瘦肉 100kg，精盐 3kg，酱油 3.1kg，高粱酒 2kg，白糖 12kg，味精、五香粉各 0.5kg。

（2）配方二　猪瘦肉 100kg，精盐 2kg，酱油 5kg，白酒 1kg，白糖 8kg，五香粉各 0.3kg。

（3）配方三　猪瘦肉 100kg，精盐 2.5kg，酱油 5kg，五香粉 0.25kg。

（4）配方四　猪瘦肉 100kg，精盐 3kg，酱油 6kg，五香粉 0.2～0.4kg。

（5）配方五　猪瘦肉 100kg，精盐 2kg，酱油 6kg，五香粉 0.25kg，白糖 8kg，黄酒 1kg，生姜 0.25kg，葱 0.25kg。

2. 工艺流程

原料处理→水煮→切丁→调味→炒制→烘干→包装→成品

3. 操作要点

(1) 原料处理 选用新鲜猪大腿和猪大排上的瘦肉,修净皮、骨、筋、膘等杂质,再切成 250~500g 重的肉块。

(2) 水煮 切好的猪肉块放入锅内,加满水,大火烧煮,煮至肉块发硬时,出锅。

(3) 切丁 煮好的肉块出锅,沥去水,再切成长 1.5cm、宽 1.3cm 的肉丁。

(4) 调味、炒制 肉丁和酱油、精盐等调味料同时下锅,再加白汤 350~400g,用中火翻炒。开始慢炒,至卤汁将干时,加快速度,防止粘锅。炒至汤汁全干时,立即出锅。

(5) 烘干 炒好的肉丁出锅后平摊在铁筛上,不能堆叠,然后送入烘房,房温 60~70℃,烘烤 6~7h,烘至猪肉丁不粘手,表里干燥一致时,即为成品。

(6) 包装 冷却后真空包装,杀菌后即为成品,可保藏 2~3 个月。

二、天津五香猪肉干

1. 原料配方

猪肉 100kg,白糖 7kg,味精 0.2kg,盐 0.7kg,酱油 7kg,葱 2kg,白酒 1kg,姜 0.8kg,八角 0.63kg,丁香粉 0.037kg,陈皮 0.01kg,桂皮 0.125kg,硝酸钠 0.05kg,安息香酸钠 0.1kg。

2. 工艺流程

备料→水煮→切割→煮制→烘制→包装→成品

3. 操作要点

(1) 备料 选猪后腿瘦肉,切成块状。将葱、姜、丁香粉和八角,陈皮、桂皮分装两个布袋内,扎紧袋口待煮。

(2) 水煮 锅内每千克肉加水 1.2kg,加入硝酸钠,将肉煮沸约 30~40min,待肉块出完血沫为止。

(3) 切割 捞出肉块,修去四周边缘,将肉切成 1cm 见方的肉丁。

(4) 煮制 撇净浮油,倒入肉丁,盐及两个料袋,煮制 20~

30min，取出料袋，加入糖，再煮制 20～30min，加入酒、味精，煮到汤干即可出锅。

（5）烘制 将出锅的肉丁，摊在筛子上，进入烘炉，炉温保持80～90℃，烘制 2h 翻 1 次，再烘 2h，到肉丁干时为止。

（6）包装 冷却后真空包装，杀菌后即为成品。

三、脆嫩五香猪肉干

1. 原料配方

（1）配方一 猪肉 100kg，食盐 1.0kg，白砂糖 6.0kg，白酒1.0kg，味精 0.5kg，五香粉 0.25kg。

（2）配方二 猪肉 100kg，食盐 1.0kg，白砂糖 1.0kg，酱油2.5kg，红曲米 2.5kg，料酒 5.0kg，味精 0.5kg，桂皮 0.3kg，八角 0.3kg，大葱 0.5kg，姜 0.4kg。

（3）嫩化剂配方 木瓜蛋白酶 0.1%，氯化钙 1.0%，复合磷酸盐（三聚磷酸钠、焦磷酸钠、六偏磷酸钠的比例为 2∶2∶1）0.3%。

2. 工艺流程

原料肉整理→腌制→微波熟化→脱水干燥→冷却、包装→成品

3. 操作要点

（1）原料肉整理 选择经检验合格的新鲜猪肉为原料，以筋腱和脂肪少、肌肉块形较大的前、后腿瘦肉为最佳。剔除骨、皮、筋膜和脂肪等非肌肉部分，立即送入速冻间进行速冻，当肉块中心温度降低至−5～−4℃时（肉块冻结的硬度以刚好能用刀切动为准）取出，顺肌纤维切成长 5cm，宽、厚各 1.5cm 的肉条，然后用清水浸泡 0.5h，以去除血水和污物，漂洗干净，沥干。

（2）腌制 五香猪肉干根据各地口味习惯有许多不同的配料配方，按配方配制完成后进行腌制。将肉条捞出沥干，加入嫩化剂及各种辅料，混合均匀，放入恒温箱（或采用水浴加热）保持温度55℃，嫩化腌制 2h。

（3）微波熟化 将肉放置在瓷盘中，送入功率为 600～900W微波炉，中火加热 6～8min 达到使肉条熟化的目的。也可采用水

浴锅保持温度80℃左右煮制1.5～2.0h，但产品的嫩度不及微波熟化的好。

（4）脱水干燥　脱水可采用微波干燥和烘箱干燥两种方式。采用微波干燥时将肉条放入微波炉中，保持肉条厚薄均匀，中火处理3～5min即可。没有微波条件的也可采用烘箱干燥，把熟制好的肉条平铺在钢丝筛上，放入55℃烘箱，烘烤4～5h。注意钢丝筛不要放得过密，使四面受热均匀，期间翻筛2～3次。

（5）冷却、包装　干燥完成的肉条放在通风洁净的房间自然冷却，为加快冷却速度可采用风扇吹风的方式。冷却后真空包装即为成品。

四、鞍山枫叶肉干

1. 原料配方

瘦肉10kg，白糖0.3kg，精盐0.25kg，味精0.05kg，白酒0.25kg，五香粉0.02kg，鲜姜汁0.2kg，水0.5kg，香油少许。

2. 工艺流程

选料与整理→卤渍→烘烤→蒸制→包装→成品

3. 操作要点

（1）选料与整理　选无病新鲜的猪臀尖肉，除去肥膘、筋皮，然后切成均匀的薄片。

（2）卤渍　将各种配料放入盆中料好，再将肉片放入其中卤渍2～3h，待料汁全部被肉片吸收为止。

（3）烘烤　将已卤渍好的肉片放在烤炉的铁网上烘烤，烤到半干时将肉片翻个，约2h，水分基本被烘掉，肉干达到红色透明时即可出炉。

（4）蒸制　用少许香油均匀地涂抹在肉干上，置于汽锅蒸制15～20min蒸熟。

（5）包装　冷却后真空包装，杀菌后即为成品。

五、麻辣猪肉干

1. 原料配方

（1）配方一　瘦料肉50kg，盐750g，酱油2kg，白糖0.75～

1kg，白酒 250g，五香粉、味精各 50g，辣椒面 1～1.25kg，上等花椒面、芝麻面各 150g，芝麻油 500g，菜油适量。

（2）配方二 瘦肉 100kg，食盐 1.5kg，酱油 4kg，白糖 2kg，白酒 0.5kg，味精 0.1kg，辣椒面 2.5kg，花椒面 0.3kg，芝麻油 1kg。

2. 工艺流程

原料整理→制作坯料→油炸→透入香料味→包装→成品

3. 操作要点

（1）原料整理 选择无粗大筋腱、脂肪的瘦肉，洗后修净，切成 500g 左右的肉块，准备加工。

（2）制作坯料 把肉块、拍碎的姜和葱一齐放入锅中煮，煮后出锅晾干（不再用水复煮），并切成长 5cm、宽和高各 1cm 的肉条，加入盐、白糖、五香粉等（酱油先加 1.5kg），将其搅拌均匀，搁置 30min 左右，使配料渗入肉中。

（3）油炸 把菜油熬到刚熟时再降到 140℃左右，倒入上述的坯料油炸，并不时地用锅铲翻转，待水响声变轻后，坯料发出干响声时即起锅。待到热气散发后加入白糖、味精和剩余的酱油并搅拌均匀。

（4）透入香料味 在炸好坯料后的熟菜油中加入辣椒面，搅拌成熟油辣椒，再把它与花椒面、芝麻油等放入坯料中拌匀即可。

（5）包装 取出凉透，真空包装，杀菌后即为成品。

（6）成品 产品呈红褐色，为条状，味麻辣。出品率一般为 45%～48%。

六、成都麻辣猪肉干

1. 原料配方

（1）配方一 猪瘦肉 50kg，精盐 750g，芝麻面 150g，白酒 250g，芝麻油 500g，大葱 500g，白糖 750～1000g，鲜姜 250g，酱油 2kg，五香粉 50g，辣椒面 1～1.25kg，味精 50g，花椒面 150g，植物油适量。

（2）配方二 猪瘦肉 50kg，精盐 1.75kg，酱油 2kg，老生姜

0.25kg，混合香料 0.1kg，味精 0.05kg，植物油 2.5kg，白糖 1kg，辣椒面 0.75kg，白酒 0.25kg，胡椒面 0.075～0.1kg。

2. 工艺流程

原料选择与修整→煮制→油炸→包装

3. 操作要点

(1) 原料选择与修整 选用合格的新鲜猪前、后腿的瘦肉，修净皮、骨、筋等，冲洗干净后切成 500g 左右的肉块。

(2) 煮制 把大葱挽成结，鲜姜用刀拍碎，把肉块、葱、姜一起放入清水锅中煮制 1h 左右出锅摊晾，顺肉块的筋络切成长约 5cm、宽高各 1cm 的肉条后，加入精盐、白酒、五香粉等全部辅料和酱油 1.5kg，拌和均匀，放置 30min 以上使之入味。

(3) 油炸 先将植物油入锅内，其数量以能淹没原料肉为原则，将油烧至 140℃左右，把入味的原料肉入锅内油炸，不停地用铲子翻转，等水响声过后用网子把原料肉捞起，发出干响声时即出锅。要注意火候，不能炸得过久，否则原料肉发硬，反之则绵软、不香。待出锅后的原料肉散发热气后，将白糖、味精和剩余的酱油搅拌均匀后倒入原料肉中拌和均匀，晾凉。取炸过原料肉后的熟植物油 2kg 加入辣椒面搅成熟油辣椒，再依次把熟油辣椒、花椒面、芝麻油、芝麻面等放入原料肉中拌和均匀即为成品。

(4) 包装 冷却后真空包装，杀菌后即为成品。

七、上海猪肉干

1. 原料配方

猪肉 100kg，白砂糖 9kg，味精 0.13kg，红酱油 2kg，白酱油 2kg，精盐 1.5kg，60°白酒 2kg，葱 0.5kg，姜 0.6kg，五香粉少量，苯甲酸（防腐剂）10g。

2. 工艺流程

选料及整理→水煮→调味煮制→烘干→包装→成品

3. 操作要点

(1) 选料及整理 选新鲜猪瘦肉，除去脂肪及筋腱，然后用清水将瘦肉洗净沥干，切成 500g 左右的小块。

（2）水煮　将肉块放入锅中，用清水煮 30min 左右，当刚煮沸时，撇去浮沫，将肉捞出切成丁。

（3）调味煮制　取一部分原汤加入辅料，用急火将汤煮沸，当有香味时改用文火，并将肉丁投入锅内，用铲不断翻炒，待汁快干时，将肉取出沥干。

（4）烘干　将沥干的肉丁平铺于铁丝网上，用火烘干。烘烤时烘炉内温度要保持 50～55℃，并需不断翻动，避免烤焦。烘干后成品大小约 1cm³。

（5）包装　冷却后真空包装，杀菌后即为成品。

八、武汉猪肉干

1. 原料配方

猪瘦肉 100kg，精盐 2kg，白糖 5kg，酱油 4kg，桂皮 0.5kg，八角 0.3kg，干红椒（或辣椒粉）0.4kg，白酒 2kg，味精 0.2kg，咖喱粉 0.2kg。

2. 工艺流程

原料处理→水煮→调味煮制→烘干→包装→成品

3. 操作要点

（1）原料处理　将选用的原料，去净筋膜、油脂，切成 500g 左右的肉块，放入凉水中浸泡 1h，使肉中血水渗出再捞出滤干。

（2）水煮　将滤干的肉块放入锅中加水煮至 6 成熟，捞出摊凉后，切成长方小片或小条。

（3）调味煮制　每 100kg 的原料用汤水 25kg 烧热，把精盐、白糖、酱油、桂皮、八角、辣椒粉或干红椒按比例投入锅内，并把半成品同时倒入锅内煮沸。汤水快干时将锅中的肉不停地翻动，并加白酒，按原料比例投入一并炒干，最后加味精、咖喱粉炒匀就出锅。

（4）烘干　将炒好的肉干摊凉后装在筛子上送入烘房，每隔 1h 把筛子上下翻动 1 次，并把肉干上下翻动摊平，经烘至 7h 肉干变硬。

（5）包装　取出凉透，真空包装，杀菌后即为成品。

九、咖喱猪肉干

1. 原料配方

（1）配方一　瘦肉 50kg，精盐 1.5kg，白砂糖 7kg，酱油 2kg，味精 300g，高粱酒 1kg，咖喱粉 250g，茴香汁少许。

（2）配方二　瘦肉 100kg，精盐 3kg，白砂糖 12kg，咖喱粉 500g。

2. 工艺流程

原料处理→水煮→调味煮制→烘干→包装→成品

3. 操作要点

（1）原料处理　选用新鲜猪后腿和大排瘦肉，去皮拆骨后，将筋腱、油膜、油膘等修净，切成重 500g 的肉块。

（2）水煮　将肉块入锅加足水后，先用旺火煮烧，至肉块发硬时出锅。切成 1.5cm 的方形肉丁。

（3）调味煮制　取白汤 4kg，加入肉丁和全部配料（除咖喱粉），用中火翻炒，至卤汁近干时，要勤炒，勿使锅底烧焦。炒至卤汁干涸后出锅。

（4）烘干　将肉坯摊开，撒上咖喱粉（或甘草粉 250g 即成甘草猪肉干）拌匀，平铺于盘中（网盘），用 60～70℃ 温度烘 6～7h，至产品不粘手、表面干燥、咖喱粉明显可见时即成为粒大约 1cm³ 的肉干。

（5）包装　取出凉透，真空包装，杀菌后即为成品。

十、颗颗猪肉干

1. 原料配方

猪瘦肉 2.5kg，白糖、酱油各 150g，料酒、葱各 50g，姜 25g，五香粉 15g，精盐 20g，味精 10g，花椒 5g。

2. 工艺流程

原料处理→水煮→调味煮制→烘干→包装→成品

3. 操作要点

（1）原料处理　把猪瘦肉洗净切成条块。葱挽节、姜拍破。

（2）水煮　把肉条放在锅内用旺火煮开，除尽血沫，加入料酒改用小火煮 30min，捞出顺肉筋切成 1.5cm 的肉丁。

（3）调味煮制　锅内加入五香粉、盐、姜、葱、花椒（布包）倒入猪肉丁用中火煮 30min 后拣去姜、葱、花椒，然后加入酱油、白糖、味精煮至肉丁熟酥出锅。

（4）烘干　把肉丁放在烤盘内，入烤箱在 80℃的温度下烘烤，烘烤中要翻动 2～3 次，直到肉丁烘干即可出箱。

（5）包装　取出凉透，真空包装，杀菌后即为成品。

十一、牛肉干

1. 原料配方

（1）配方一　鲜牛肉 100kg，盐 3.0kg，酱油 3.1kg，白糖 12kg，白酒 2.0kg，咖喱粉 0.5kg，其他调味料适量。

（2）配方二　鲜牛肉 50kg，食盐 1.25kg，酱油 1.5kg，五香粉 125g，生姜、桂皮各 100g，葱、茴香、陈皮各 50g。

2. 工艺流程

原料选择→分割整理→清洗→腌制→预煮→冷却→切丁（条）→复煮→收汤→脱水→冷却→检验→包装→成品

3. 制作要点

（1）原料选择、分割整理　选用新鲜的牛肉，经检疫合格，以前后腿的瘦肉为佳。先将原料肉的脂肪和筋腱剔去，然后洗净沥干，切成 0.2kg 左右的肉块。

（2）腌制　按配方要求加入辅料，在 4～8℃下腌制 48～72h。

（3）预煮　将肉块放入夹层锅中，用清水煮开后撇去肉汤上的浮沫（血沫、油花等杂质），煮制 30min 后捞出冷却（肉内部刚好无立丝为宜），然后将肉切成丁或片。有时为了去除异味，可加 1%～2%的鲜姜。

（4）切丁（条）　预煮后，将肉置于筛子或带孔的盆中，待不烫手时切丁（条），使之形状整齐，厚薄均匀。

（5）复煮　取部分原牛肉汤加入调料和切好的肉丁或片，先用大火煮制，再改文火收汤，时间 1～2h，待卤汁基本收干，即可起锅。

（6）脱水 常规的脱水方法有以下三种。

① 烘烤法 根据口味不同，将收汁后拌入不同调料粉的肉坯，铺在竹筛或铁丝网上，放置在远红外烘箱中烘烤，烘烤温度前期为80～90℃，后期可以控制在50℃左右，一般使含水量下降到20%以下，需要5～6h，在烘烤的过程中注意定时翻动。

② 炒干法 收汁结束后，肉坯在原锅中文火加温，炒至肉块表面微微出现蓬松绒毛时出锅。

③ 油炸法 腌制后，沥干水分，在肉坯上撒上调味粉后投入135%～150%的油锅中油炸，油炸时要控制温度，温度高易炸焦，温度过低脱水不彻底且色泽差。可以选择恒温油炸，产品质量易控制。炸到肉块微黄色后，捞出并滤净油。

（7）冷却、检验、包装 在清洁的室内摊晾。自然冷却较为常用，也可以采用机械通风。冷却至室温，检验合格后进行真空包装，即为成品。

十二、灯影牛肉干

灯影牛肉是四川传统名食，主要产地是四川达县和重庆，至今已有100多年的历史。

灯影牛肉肉片薄如纸，色红亮，味麻辣鲜脆，细嚼之，回味无穷。因肉片可以透过灯影，有民间皮影戏之效果而得名。

灯影牛肉的具体加工方法也存在着一定的差异，现介绍两种如下。

（一）方法一

1. 原料配方

（1）配方一 牛肉100kg，食盐2～3kg，白糖1kg，白酒1kg，麻油2kg，胡椒粉300g，花椒粉300g，浓度2%的硝水1kg，生姜1kg，混合香料（即肉桂25%、丁香3%、荜拨8%、八角50%、甘草2%、桂皮6%、山奈6%磨成粉末）200g。

（2）配方二 牛肉100kg，食盐1.0kg，白糖1.0kg，黄酒10.0kg，生姜4.0kg，香油1.0kg，花椒粉0.6kg，辣椒粉1.0kg，

五香粉 0.4kg，味精 0.2kg，熟菜油 50.0kg（约耗油 20kg）。

以上配方中的固体香料均预先碾成粉末待用。

2. 工艺流程

原料选择及整理→发酵→切片→配料→腌制→烘烤→冷却→包装→成品

3. 操作要点

(1) 原料选择及整理　选取牛的背扭肉和腿心肉，约占整头牛总质量的 20%。腿心肉以后腿肉质最佳，以肉色深红，纤维较长，脂肪、筋膜较少，有光泽，有弹性，外表微干不黏手的牛肉为原料。将选好的牛肉剔除筋膜和脂肪，洗净血水，沥干后切成约 250g 的肉块。原料选用至关重要，必须严格，因为有内筋的肉不能开片，过肥或过瘦的牛肉也不适于加工。过肥的肉出油多，损耗大；过瘦的肉会黏刀，烘烤时体积会缩小。

(2) 发酵　排酸排酸也就是发酵过程，俗称"发汗"。发酵容器，冬天气温低可用缸，夏天气温高可用盆，但均需洗净。将肉块从大到小、纤维从粗到细从容器底部码放到上部。码放完后用纱布盖好，等肉"发汗"就切片。"发汗"是指上面一层肉块略有酸味，肉块上发黏，用手触摸有粘手的感觉。发酵时间春季为 12~14h，夏季为 6~7h，秋季为 16~18h，冬季为 22~26h。如冬季气温太低，可人工升温促进发酵过程。发酵排酸的最佳温度为 10~12℃。

(3) 切片　发酵以后的肉很软，具有弹性，没有血腥味，便于切片。切片也有一定的要求，先把案板和肉块用清水稍稍弄湿，避免肉在案板上滑动影响操作；切片要均匀，厚度不要超过 0.2cm，不能有破洞，也不要留脂肪和筋膜。如果肉片太薄不便于后面的烘烤，会从箐箦上滑落；如果太厚，烘烤时生熟不一，吃料也不均匀，都会影响质量。

(4) 配料、腌制　按配方进行调配，把除菜油以外的其他辅料与肉片拌匀，每次以肉片 5kg 为宜，以免香料拌和不匀或肉被拌烂。拌匀后放置 10~20min。

(5) 烘烤　灯影牛肉的传统烘烤是把肉贴在箐箦上，入烘房烘烤。箐箦是四川当地的一种家用器具，多以毛竹篾编制而成。先把笆箕刷一层菜油，便于湿肉片烤干后脱落。再把肉片按照肉的纹路横着铺在笆箕上，不要叠交太大，每片肉要贴紧。烘房内的铁架子分成上下两层，把铺好肉的笆箕先放在下一层（温度较高）进行烘烤，一般60～70℃最好。火力过猛容易烤糊、烤焦，火力过小、烘烤温度过低，肉片难以变色。等烘到水汽没有了，肉片由白色转到黑色，又转到棕黄色时，将笆箕转到上层去烘烤。在烘烤过程中如发现颜色和味道不正常，要及时对备料过程进行检查。一般进房3～4h就可出房。

现在灯影牛肉一般都改用烘箱烘烤。将腌好的肉片平铺在钢丝网或竹筛上，钢丝网或竹筛先要抹一层熟菜油。铺肉片时要顺着肌纤维方向，片与片之间相互连接，但不要重叠太多，而且根据肉片厚薄施以大小不同的压力以使烤出的肉片厚薄均匀。然后送入烤箱内、在60～70℃下烘烤3～4h即可。

（6）冷却、包装　肉片冷却2～3min，淋上麻油，就可把成品取下。传统保藏方法是将成品贮于小口缸内，内衬防潮纸，缸口密封。现在多为装入马口铁罐或塑料袋内封口保藏。

（二）方法二

1. 原料配方

牛肉100kg，白糖5.0kg，花椒粉3.0kg，辣椒粉5.00kg，黄酒2.0kg，精盐1.0kg，五香粉0.2kg，味精0.2kg，姜3.0kg，芝麻油2.0kg，熟菜油100kg（实耗30kg）。

2. 工艺流程

原料及预处理→烘烤→油炸→调配→冷却、包装→成品

3. 操作要点

（1）原料及预处理　选用牛后腿上的腱子肉，去除浮皮保持洁净干净，切去边角，片成大薄片。将牛肉片放在案板上铺平理直，均匀地撒上炒干水分的盐，裹成圆筒形，然后凉通风处晾晒至牛肉呈鲜红色（夏天约14h，冬天3～4天）。

（2）烘烤　将晾干的牛肉片放在烘炉内，平铺在钢丝架上，用木炭火烘约15min，至牛肉片干结。然后上笼蒸约30min取出，切成长4cm、宽2cm的小片，再上笼蒸约1.5h取出。

（3）油炸　炒锅烧热，下菜油烧至七成热，放入姜片炸出香味、捞出，待油温降至三成热时，将锅移置小火灶上，放入牛肉片慢慢炸透，沥去约 1/3 的油。

（4）调配　烹入黄酒拌匀，再加辣椒、花椒粉、白糖、味精、五香粉等辅料，颠翻均匀，起锅晾凉，淋上芝麻油即成。

（5）包装　烘好的牛肉片晾凉，小袋真空包装，杀菌后即成为成品。

第三节　肉松食品

一、传统牛肉松

1. 原料配方

牛肉 100kg，盐 2.5kg，糖 2.5kg，葱末 2.0kg，姜末 0.12kg，八角 1.0kg，白酒 1.0kg，丁香 0.10kg，味精 0.20kg，酱油适量。

2. 工艺流程

原料肉的选择和处理→煮制→撕松→收汤（炒压）→炒松→烘制→搓松→拣松→无菌包装→成品

3. 操作要点

（1）原料肉的选择和处理　一般选用新鲜的、卫生检验合格的牛后腿肉为原料。若为冷冻牛肉，在水中化冻后，应具有光泽，呈现出基本均匀的红色或深红色，肉质紧密、结实，无异味或臭味，肉解冻至内部稍软即可。将原料先去除皮、骨和肥膘等，然后依肉的筋络将大块分成 0.5kg 左右的小块，顺着肌纤维方向切成 3～4cm 长的条状。保证块型一致，也就是同一锅煮的肉块的大小应保证基本一致。

（2）煮制　将香辛料用纱布包好后和处理好的牛肉条放入夹层锅中，加入与肉等量的水，煮沸后，撇去油沫（血沫、油花等杂质），旺火煮 30min，用文火焖煮 3～4h，直到煮烂为止。煮烂的标志是，用筷子稍用力夹肉块时，肌肉纤维能分散。在此步骤中，撇去浮沫是肉松制品成功的关键，它直接影响到成品的色泽、味道、成品率和保存期。撇浮沫的时间一般在煮制 1.5h 左右时，目的是让辅料充分、均匀地被肉纤维吸收。

（3）撕松　将煮烂的肉条从锅中捞出，放在消过毒的案板上，趁热用木桩敲打，使肌纤维自行散开。

（4）收汤（炒压）　肉块煮烂后，改用中火，加入酱油、白酒等，一边炒一边压碎肉块，然后加入白糖、味精等，减小火力，收干肉汤，并用温火炒压肉丝至纤维松散。

（5）炒松　将煮制好的肉块放到平底锅中进行翻炒，翻炒时依次加入白糖、酱油和味精等作料。炒制的目的就是使料液完全溶解，肉丝与辅料充分拌匀，使料液溶入肉内，不结团、无结块、无焦板、无焦味、无汤汁流出；减少水分，使肉坯变色。经炒制 45min 后，半成品肉松中的水分减少，把它捏在手掌里，没有汤汁流下来时，就可以起锅。

（6）烘制　半成品肉松纤维较嫩，为了不使其受到破坏，第一次要用文火烘制，烘松机内的肉松中心温度以 55℃为宜，烘 4min 左右，然后将肉松倒出，清除机内锅巴后，再将肉松倒回去进行第二次烘制，烘制 15min 即可。分 2 次烘制的目的是减少成品中的锅巴和焦味，提高成品品质。经过 2 次烘制，原来较湿的半成品肉松会比较干燥、蓬松及轻柔。烘制过程应确保产品无结块、无结团、无异物，产品的水分含量不超过 10%，且每锅产品含水量应基本均匀。

（7）搓松　用搓松机搓松，使肌纤维呈绒状松软状态。

（8）拣松　在拣松机中，利用机器的跳动，使肉松从拣松机上面跳出，而肉粒从下面落出，使肉松和肉粒分开。

（9）无菌包装　加工好的肉松在无菌室冷却后，无菌包装，即得成品。

二、平都牛肉松

1. 原料配方

鲜牛肉 100kg，白糖 8kg，白酒 0.6kg，白酱油 14kg，生姜 1kg，盐 2kg，豆油 2kg。

2. 工艺流程

选料及整理→煮制→收汤→烘炒→擦松→包装→成品

3. 操作要点

(1) 选料及整理　选新鲜牛后腿肉，剔除筋头、油膜，并用清水洗净，排除血污，下沸水焯一下，撇过油污和泡沫。顺着肉的纤维纹路切成肉条，然后切成长约7cm、宽约3cm的短条。

(2) 煮制　100kg肉用清水30～35kg，下锅边煮边打油包，待打尽泡子后，放入生姜、食盐再煮3h左右，到以筷夹肉，抖散成丝为度；撇去汁液上的油质和浮污。然后把液舀起，只留少许在锅内；挑尽残骨、油筋、杂物，用锅铲将肉松坯全部拍散成丝状。再将原汁倾入锅内，加入豆油2kg再煮，边煮边撇去上浮汁液。30min后加入白酒，分解油质继续撇油多次。

(3) 收汤　当油撇清后，火力要加大，待锅内的汤大部分蒸发后，火力减弱，最后仅剩余保温，否则会粘锅影响肉松质量，待肉汤及辅料全部吸收后，即可盛起送入炒松机炒松。

(4) 烘炒　炒松前必须对炒松机进行检查，保持清洁卫生，然后将肉松倒入机内。在烘炒过程中，火力要正常，初步估计，炉管温度一般在300℃左右。过高、过低对产品质量都有影响。经过约40～50min的烘炒不断测试检查掌握水分不超过16%，包装之前测定水分17%以内为宜。

(5) 擦松　烘炒好的肉松应立即送入擦松机擦松，擦松的目的是使肉松纤维疏松。根据肉松的情况擦一遍、二遍，个别的擦三遍为止。

(6) 包装　真空小包装，杀菌后装大袋即为成品。

三、哈尔滨牛肉松

1. 原料配方

瘦牛肉100kg，酱油（优质）10～18kg，精盐2kg，白糖6kg，味精0.4kg，黄酒3kg，生姜0.5kg。

2. 工艺流程

原料整理→切条→煮肉→撇汤→复煮→烘炒→擦松→包装→

成品

3. 操作要点

(1) 原料整理　选新鲜牛后腿肉,剔除筋头、油膜,并用清水洗净,排除血污,下沸水焯一下,撇过油污和泡沫。顺着肉的纤维纹路切成肉条,然后切成长约 7cm、宽约 3cm 的短条。

(2) 煮肉　100kg 肉用清水 30~35kg,下锅边煮边打油泡。

(3) 撇汤　待打尽泡子后,放入辅料再煮 3h 左右,到以筷夹肉,抖散成丝为度;撇去汁液上的油质和浮污。然后把液舀起,只留少许在锅内;挑尽残骨、油筋、杂物,用锅铲将肉松坯全部拍散成丝状。再将原汁倾入锅内,加入豆油 2kg 再煮,边煮边撇去上浮汁液。30min 后加入黄酒,分解油质继续撇油多次。

(4) 复煮　当油撇清后,火力要加大,待锅内的汤大部分蒸发后,火力减弱,否则会粘锅影响肉松质量,待肉汤及辅料全部吸收后,即可盛起送入炒松机炒松。

(5) 烘炒　炒松前必须对炒松机进行检查,保持清洁卫生,然后将肉松倒入机内。在烘炒过程中,火力要正常,初步估计,炉管温度一般在 300℃ 左右。过高,过低对产品质量都有影响。经过约 40~50min 的烘炒不断测试检查掌握水分不超过 16%,包装之前测定水分为 17% 以内为宜。

(6) 擦松　烘炒好的肉松应立即送入擦松机擦松,根据肉松的情况擦一遍、二遍,个别的擦三遍为止。

(7) 包装　真空小包装,杀菌后装大袋即为成品。

四、家制牛肉松

1. 原料配方

牛肉 1kg,黄酒、白酱油各 50g,白糖 150g,食盐 25g,味精 3g。

2. 工艺流程

选料→煮制→擦松→成品

3. 操作要点

(1) 选料　选新鲜牛腿肉,除去筋腱、肥膘、衣膜后,切成小块。

（2）煮制　将肉块、葱、姜同时入锅，加水与肉平，用旺火煮沸，撇沫。然后边煮边撇浮油，至肉酥后，加入黄酒、白糖、盐、白酱油和味精，改用文火焖烂。弃去葱、姜，用旺火边炒边收汤，防止烧焦，至汤汁近干时，再用小火将肉烘干。

（3）擦松　肉块出锅，在擦板上轻轻擦松，即成纤维状肉松。

五、太仓肉松

1. 原料配方

（1）配方一　猪瘦肉 100kg，食盐 3.0kg，黄酒 2.0kg，酱油 35.0kg，白糖 2.0kg，味精 0.2～0.4kg，鲜姜 1.0kg，八角 0.5kg。

（2）配方二　猪瘦肉 100kg，食盐 1.67kg，酱油 7.0kg，白糖 11.1kg，50°白酒 1.0kg，八角 0.38kg，生姜 0.28kg，味精 0.17kg。

（3）配方三　猪瘦肉 100kg，酱油 25.0kg，小茴香 0.12kg，黄酒 1.5kg，生姜 1.5kg，白糖或冰糖 2.5kg。

2. 工艺流程

原料选择和整理→配料→煮制→炒松→搓松→包装→成品

3. 操作要点

（1）原料选择和整理　选用卫检合格的新鲜猪后腿瘦肉为原料，剔去骨、皮、脂肪、筋膜及各种结缔组织等，再顺着肌肉纹路切成 0.5kg 左右的肉块。用冷水浸泡 30～60min，洗去淤血和污物，漂洗后沥干水分。

（2）配料、煮制　太仓肉松的配方，按照生活习惯不同进行选择。按配方称取配料，用纱布包扎成香料包，和肉一起入锅，加入与肉等质量的清水（水浸过肉面）大火煮制，汤汁减少则需加水补充，煮制期间还要不断翻动，使肉受热均匀，并撇去上浮的油沫。油沫主要是肉中渗出的油脂，必须撇除干净，否则肉松不易炒干，还容易焦锅，成品颜色发黑。当肉煮到发酥时（约需煮 2h），放入料酒，继续煮到肉块自行散开时，再加入白糖，并用锅铲轻轻搅动，30min 后加入酱油和味精，继续煮到汤料快干时，改用中火，防止焦块，经翻动几次后，肌肉纤维完全松散，即可炒松。煮制时间共 4h 左右。

（3）炒松　取出香辛料，采用中火，用锅铲一边压散肉块，一边翻炒，勤炒勤翻。炒压操作要轻并且均匀，注意掌握时间。因为过早炒压难以炒散；而炒压过迟，肉太烂，容易粘锅、焦煳，造成损失。当肉块全部炒至松散时，要用小火翻炒，操作轻而均匀，直至炒干时，颜色由灰棕色变为金黄色，含水量为 20% 左右，具有特殊香味时可结束炒松。

（4）搓松　为了使炒好的肉松进一步蓬松，可利用滚筒式搓松机将肌纤维搓开，再用振动筛将长短不齐的纤维分开，使产品规格一致。

（5）包装　肉松水分含量低，吸水性很强，贮藏可用塑料袋真空包装，也可用玻璃瓶或马口铁罐装。

六、福建肉松

1. 原料配方

猪瘦肉 50kg，白糖 5kg，白酱油 3kg，黄油 1kg，桂皮 100g，鲜姜 500g，大葱 500g，味精 475g，猪油 7.5kg，面粉 4kg，红曲米适量。

2. 工艺流程

原料选择与整理→煮肉→炒松→油酥→包装→成品

3. 操作要点

（1）原料选择与整理　选用新鲜猪后腿精瘦肉，剔除肉中的筋腱、脂肪及骨等，顺肌纤维切成 0.1kg 左右的肉块，用清水洗净，沥干水。

（2）煮肉、炒松　将洗净的肉块投入锅内，并放入桂皮、鲜姜、大葱等香料，加入清水煮制，不断地翻动，舀出浮油。当煮至用铁铲稍翻动即可使肉块纤维散开时，加入红曲米、白糖、白酱油等，根据肉质情况决定煮制时间，一般煮 4～6h，待锅内肉汤收干后出锅，放入容器晾透。然后把肉块放入另一锅内炒制，用文火慢炒,让水分慢慢地蒸发,炒到肉纤维不成团时,再用文火烘烤,即成为肉松坯。

(3)油酥 在炒好的肉松坯中加入猪油、味精、面粉等,搅拌均匀后放到锅中用文火烘焙,随时翻动,待大部分松坯都成为酥脆的粒状时,用筛子把小颗粒筛出,剩下的颗粒松坯倒入加热的猪油中,不断搅拌,使松坯与猪油均匀结成球形圆块,即为成品。熟猪油加入量一般为肉体重的40%～60%,夏季少些,冬季可多些。

(4)包装 由于福建肉松产品脂肪含量高,保藏期间易因脂肪氧化而变质,因而保质期较短。采用真空包装或充气(氮气)包装能有效延长保质期限。

七、济南猪肉松

1. 原料配方

猪瘦肉5kg,酱油100g,白糖300g,黄酒200g,干贝15g,虾干15g,鲜姜50g,小茴香10g,桂皮5g,八角5g。

2. 工艺流程

原料处理→调味煮制→收汤→烘炒→擦松→包装→成品

3. 操作要点

(1)原料处理 选用鲜猪瘦肉,去净皮、骨、肥膘、筋腱等,再顺着猪瘦肉的纤维纹路切成肉条,然后切成长约7cm、宽约3cm的短条。

(2)调味煮制 短猪肉条放入锅,加入与肉等量的水,鲜姜、小茴香、桂皮、八角等装入纱布袋扎口,放入锅内。煮至1h,撇去上浮的油沫。等肉将煮烂时,加入干贝、虾干、酱油,再煮至没有油腻为止。此时若肉没有烂而水将干,可酌情再加点开水。

(3)收汤 当油撇清后,火力要加大,待锅内的汤大部分蒸发后,火力减弱,最后仅剩保温,否则会粘锅影响肉松质量,待肉汤及辅料全部吸收后,即可盛起送入炒松机炒松。

(4)烘炒 炒松前必须对炒松机进行检查,保持清洁卫生。在烘炒过程中,火力要正常,初步估计,炉管温度一般在300℃左右。过高、过低对产品质量都有影响。经过约40～50min的烘炒不断测试检查掌握水分不超过 16％，包装之前测定水分为 17％以内为宜。

（5）擦松　烘炒好的肉松应立即送入擦松机擦松（擦松的目的是使肉松纤维疏松），根据肉松的情况擦一遍、二遍，个别的擦三遍为止。

（6）包装　真空小包装，杀菌后装大袋即为成品。

八、麻辣型兔肉松

1. 原料配方

兔肉：水＝1∶1，辣椒 3％，花椒 1％，食盐 2％，橘皮 0.5％，小茴香 0.25％，味精 0.5％，谷物粉 5％。以上均以肉＋水的重量计。

2. 工艺流程

原料验收→清洗→切肉条→预煮→配料→煮肉→煮炒→炒松→包装→成品

3. 操作要点

（1）原料验收　兔子宰杀后，除去骨、皮、脂肪、筋腱及结缔组织等，清洗干净。然后将瘦肉顺其纤维纹路，切成肉条后，再横切成 3cm 长的短条。

（2）预煮、配料　把切好的瘦肉放入锅中，煮制 15min，撇去上浮的油沫，然后按肉与水总重配料，肉与水等重。

（3）煮肉　这一阶段目的就是要把瘦肉煮烂。这时需用大火煮，煮沸以后直到煮烂为止。如肉末煮烂水已干时，可以酌量加水，当用筷夹肉块，稍加压力，若肉纤维自行分离，则表示肉已煮烂，并继续煮至汤快干时为止。

（4）煮炒　这时宜用中等火头，边用锅铲压散肉块，边翻炒，要注意不要炒得过早或过迟。因炒压过早，肉块未烂，不易压散，工效很低；炒压过迟，肉块太烂，容易产生焦锅煳底现象，造成损失。

（5）炒松　这时用小火，连续勤炒勤翻，操作要轻而均匀，在肉块全部松散和水分完全炒干时，颜色就由灰棕变成白色，最后就成为具有特殊香味的肉松。

(6) 包装　肉松短期贮藏时，可装入防潮纸内或塑料袋内，如果需要长期保藏，可用玻璃瓶或铁盒包装。

第四节　肉脯食品

一、五香牛肉脯

1. 原料配方

鲜牛肉 5kg，食盐 300g，八角 10g，味精 10g，鲜姜 15g，油 250g，水约 2.5kg。

2. 工艺流程

原料处理→腌制→煮制→切片→包装→成品

3. 操作要点

(1) 原料处理　选用新鲜黄牛肉，洗干净，切成 350g 左右的长方块。

(2) 腌制　牛肉块加食盐进行腌制，夏天腌 12h 左右，冬季腌制 24h 左右。

(3) 煮制　腌好的牛肉块放入锅中，加入辅料，用文火煮 3h 左右，出锅，沥干切小片即成。

(4) 包装　将牛肉晾凉，小袋真空包装，杀菌后即成为成品。

二、传统牛肉脯

1. 原料配方

(1) 配方一　牛肉 50kg，白糖 8.5kg，料酒 0.75kg，鱼露 5kg，生姜 1kg，胡椒 100g，鸡蛋 1.25kg。

(2) 配方二　牛肉 10kg，酱油 1.5kg，味精 0.5kg，白糖 1.5kg，料酒 0.1kg，姜粉 0.05kg，葱粉 0.05kg。

2. 工艺流程

选料→清洗→整理→切片→拌调料→沥干、烘烤→整形→蒸煮→包装

3. 操作要点

（1）选料　要选取瘦肉较多的部位。

（2）清洗　将选好的原料浸泡 2~4h，洗净血水。

（3）整理　将洗净的原料整理，除去脂肪和筋腱部分。

（4）切片　切片有以下两种方式。

① 直接手工切片法　对操作人员的刀功手法要求比较高，切片厚度要求 0.1~0.2cm，大小不限，以片大为宜。切片要顺肉丝切，以保证成品具有一定的韧性，有良好的口感。

② 冷冻机器切片法　首先将整理好的肉放入冷库中深冻成冻肉，至机器可切时为止。

（5）拌调料　切好的肉片放入调味料，混合均匀以后放置 4~5h。

（6）沥干、烘烤　取出肉片后，沥干，之后单层铺放在筛网上，放入 70~80℃的烘箱中烘烤。

（7）整形　烘烤到七八成干，取出后整形成方正片。

（8）蒸煮　整形以后的肉片放入蒸锅，蒸 10~15min。

（9）包装　取出后冷却，即可包装。

三、明溪肉脯干

1. 原料配方

新鲜牛后腿瘦肉 5kg，陈酒糟、大蒜、五香粉、精盐、酱油、味精各适量。

2. 工艺流程

原料处理→腌制→烘烤→包装→成品

3. 操作要点

（1）原料处理　加工时取新鲜牛后腿瘦肉，用锋利的剥刀逐层切剥。所剥之肉，其薄如纸。

（2）腌制　用陈酒糟、大蒜、五香粉、精盐、酱油、味精等调料拌匀腌制。

（3）烘烤　将腌制牛肉片用木炭火慢慢烘烤而成。

（4）包装　将牛肉脯晾凉，小袋真空包装，杀菌后即成为成品。

四、靖江牛肉脯

1. 原料配方

牛肉 5kg，鸡蛋 2 只，八角（磨粉）10g，五香粉 10g，生姜汁 10g，鱼露 315g，白糖 750g，味精 15g，黄酒 45g，胡椒粉、小苏打少许。

2. 工艺流程

原料处理→腌制→烘烤→包装→成品

3. 操作要点

（1）原料处理　将牛肉切成小块，剔去牛筋和牛油。

（2）腌制　鸡蛋磕在钵内，加鱼露、八角粉、五香粉、胡椒粉、生姜汁、小苏打、味精、白糖、黄酒调成卤汁。将牛肉块放入拌匀并腌渍 30min。

（3）烘烤　用铁筛，在筛内抹上一层洁净猪油，以免粘连。然后取出牛肉块再切成长约 8.3cm、宽约 7cm、厚约 1cm 的薄片，一片片摊在铁筛内放在烧木炭的平面烘炉上反复烘焙 5min 左右即成。

（4）包装　将牛肉脯晾凉，小袋真空包装，杀菌后即为成品。

五、安庆五香牛肉脯

1. 原料配方

牛肉 100kg，盐 6.0kg，酱油 5.0kg，姜 0.3kg，味精 0.2kg，八角 0.2kg，五香粉 0.2kg，亚硝酸钠适量。

2. 工艺流程

选料→预处理→腌制→配料煮制→切片、干制、包装→成品

3. 操作要点

（1）选料　选用卫生检验合格的新鲜牛肉，以黄牛肉作加工原料为好。水牛肉因肌肉纤维粗而松弛，干燥而少黏性，肉不易煮烂，肉质不如黄牛肉，所以很少采用。

（2）预处理　选好的牛肉剔去骨、皮、筋膜、脂肪等部分，清

洗干净，再用干净的清水浸泡 30min，以去除肉中的血水和污物。浸泡后再漂洗干净，沥去水分，切成 300～400g 的长方块。

（3）腌制　首先准备好腌缸，清洗干净。将精盐均匀地擦涂在肉块表面，放入腌缸中腌制，冬、秋季腌制 24h，春、夏季腌制 12h 即可。春、夏季节由于气温较高，容易造成肉在腌制过程中腐败，除了要保持腌制过程中的卫生条件外，腌制间最好设置在地下室等地方，可在一定程度上控制腌制过程中的温度，如有条件，建造专用的冷却间进行腌制是保证产品品质的重要手段。腌制过程中要翻缸 2～3 次，以便腌匀腌透，翻缸即将缸中肉块上下位置进行调整。

（4）配料煮制　按配方将酱油、姜、味精、八角、五香粉、亚硝酸钠等放入锅中，加水，以浸没牛肉块为好，再加入腌好的牛肉块。旺火烧沸，再用文火煨焖，煮制 3h 左右，待牛肉块熟透即可。煮好的牛肉块出锅，沥去水分。

（5）切片、干制、包装　牛肉块顺肌纤维方向切成厚度 0.5mm 的薄片，摊盘后送入干燥箱于 55～60℃烘烤 3～4h 出箱，冷却后进行包装即为成品。

六、北京牛肉脯

1. 原料配方

牛肉 50kg，味精 25g，橘子 2kg，白糖 5kg，酱油 4.5kg，姜 25g，料酒 1kg，麻油 400g。

2. 工艺流程

选料→切片→加料→烘烤→包装→成品

3. 操作要点

（1）切片　将牛后腿纯瘦肉去杂洗净，做些修整，稍加冷冻后用刀切成半透明状的薄片。

（2）加料　将辅料混匀，拌到肉片中，放入辅料的盘内浸泡 3h 后，平铺在烤盘上。

（3）烘烤　入烘炉内，在 140℃的烤炉内烤 15min，取出再放回辅料盘中浸泡 10min，然后再浸入香油、白糖的溶液中，待黏着均匀、肉片发亮即成。

（4）包装　冷却，真空小袋包装，杀菌即为成品。

七、陕西五香腊牛肉

1. 原料配方

生牛肉 90kg，盐 2.5kg，小茴香 250g，八角 31g，草果 16g，桂皮 120g，花椒 93g，鲜姜片 62g，食用红色素 24g。

2. 工艺流程

选料及整理→腌制→配料→煮制→切片→包装→成品

3. 操作要点

（1）选料及整理　把牛肉切割成 1.5～2kg 重的肉块，对后腿肉较后部位须用刀划开，使肉容易变红，入味均匀。

（2）腌制　冬季每缸下生肉 90kg，净水 70kg，夏季下生肉 60kg，水可稍多一些。冬季每 25kg 加盐 0.5kg，夏季每 20kg 加盐 0.5kg。缸内腌浸的肉，冬季每天用木棍翻搅 4～5 次，夏季翻搅次数要勤，冬季腌肉缸放在温暖室内，使肉色易于变红，夏季肉缸放在阴凉处，以免温度高，肉易变质。这样，冬季至少腌制 7 天，夏季腌 1～2 天，腌浸好的肉用笊篱捞出，沥干水，再用净水冲洗 1 次。

（3）配料　冬季每锅煮生肉 90kg，用盐 2.5kg，夏季每锅 65kg，用盐 3.5kg，不论季节，将配料小茴香、八角、草果、桂皮、花椒，用纱布包好，外加鲜姜片同时下锅。

（4）煮制　先将老汤连同新配料一并烧开，并将汤沫打净，再将盐放在肉上面，每隔 1h 用木棍翻动 1 次，锅内的汤以能把肉淹没为度。当肉煮至 8 成熟时，加入食用红色素，煮出的肉即呈鲜红色。每锅生肉煮 8h 才能出锅。

（5）包装　肉出锅时，应用锅内的沸汤把肉上浮油冲净，即成美味可口的腊牛肉。晾凉切片，小袋真空包装，杀菌后即成为成品。

八、茶味牛肉脯

1. 原料配方

鲜牛肉 10kg，食盐 250g，白砂糖 500g，速溶茶 150g，生姜

25g，白酒 100g，味精 50g，桂皮 15g，八角 20g，花椒 15g，丁香 10g。

2. 工艺流程

选料及整理→煮制→切片→第二煮制→烘干→包装→成品

3. 操作要点

（1）选料及整理　选用新鲜肥壮的牛前、后腿肉，切成约 500g 重的块，用清水冲洗干净，沥水。

（2）煮制　沥干的牛肉块放入煮锅中，加水以淹没肉块为度，同时放入生姜、桂皮、八角、花椒、丁香进行煮制，煮至肉块成熟，捞出。

（3）切片　煮好的牛肉块趁热剔去筋油，再切成薄片。

（4）第二煮制　煮牛肉的肉汤从锅起出，滤去杂质，再放入煮锅中，下入牛肉片，加食盐、白砂糖、味精、白酒，再进行煮制，煮至肉熟沥尽，铲出。

（5）烘干　牛肉片平铺在铁丝网架上，把速溶茶粉均匀地涂撒在肉表面，送入烘炉中，进行烘制，烘房温度保持在 55～60℃，约烘 15h，烘至肉片干透即成。

（6）包装　烘好的牛肉片晾凉，小袋真空包装，杀菌后即成为成品。

九、新型牛肉脯

1. 原料配方

腌制液配方按 100kg 原料肉计，食盐 3.1kg，亚硝酸盐 0.01kg，抗坏血酸钠 0.78kg，淀粉 7.5kg，白糖 0.5kg，大豆蛋白 1.5kg，混合磷酸盐 0.78kg（焦磷酸盐 48%、三聚磷酸盐 22%、六偏磷酸盐 30%），香辛料若干。

2. 工艺流程

原料肉的预处理→腌制→斩拌→装模蒸煮、冷却→切片→烘烤→调味、包装→杀菌→成品

3. 操作要点

（1）原料肉的预处理　选用经兽医卫检合格的后腿牛肉为最

佳，其他部位的肉也可用。修去脂肪、筋膜、血斑等，清洗干净，再用清水浸泡 30～60min 后沥干，切成小块。

（2）腌制　按配方称取各种辅料，香辛料可根据实际情况或口味进行添加。取 10L 水烧沸，倒入腌缸，加入除淀粉和大豆蛋白以外的其他辅料混合溶解，香辛料预先用纱布包裹成香料包再加入。待腌制液冷却到 10℃ 以下后加入肉块，使肉块全部浸没在腌制液内，保持温度 6～8℃ 腌制 48h。

（3）斩拌　将腌好的肉块放入斩拌机中斩拌 10～15min，斩拌期间依次加入淀粉和大豆蛋白，并加入适量碎冰块以保证肉温不超过 10℃。

（4）装模蒸煮、冷却　预先准备成型模具（可使用西式火腿的成型模具），为防止肉糜粘模，可在模具内壁涂刷一层植物油，也可铺垫一层经杀菌消毒的棉布。将斩拌好的肉糜装入模具内，加盖压紧，置于 85℃ 左右的蒸煮锅内蒸煮至中心温度达 72℃，然后流水冷却至室温。

（5）切片　打开成型模具，取出肉块，用切片机切成一定长宽规格，厚度为 2mm 的肉片。肉片力求整齐划一，厚薄均匀。

（6）烘烤　先将不锈钢烘筛清洗干净，刷涂一层植物油防止肉片粘连，再将肉片整齐地平铺在烘筛上，放入远红外烤箱中，控制温度 100℃，烘烤 20～40min，至肉片表面出油，呈棕红色，香味浓郁时即可出箱。

（7）调味、包装　为了丰富产品的风味口感，可再调制各种口味的香料与牛肉脯拌和，然后真空包装。

（8）杀菌　由于产品中复合添加磷酸盐能提高肉的保水性，使产品口感嫩度和出品率都得以提高，但相应的水分含量也较传统肉脯为高，保质期会有所降低，因此，真空包装后再于 100℃ 杀菌 10min，可满足产品保质期的需要。

十、脆嫩牦牛肉脯

1. 原料配方（以牦牛肉为基准）

牦牛肉 100%，木瓜蛋白酶 0.05%、食盐 1.8%、亚硝酸钠

0.01％、异抗坏血酸钠 0.05％、复合天然香辛料 0.1％、味精 0.3％、白砂糖 3.0％、葡萄糖 2.5％。

2. 工艺流程

原料肉的选择及修整→切片→腌制、嫩化→摊筛、干燥→蒸煮→二次干燥→包装→成品

3. 操作要点

(1) 原料肉的选择及修整　取卫生检验合格的新鲜牦牛肉为原料，若为冷冻肉，则需现行解冻。原料肉冲洗干净，修去筋膜及脂肪，分割成适当大小的肉块后装模，送入冷冻间速冻至肉块中心温度达-2～-5℃，成型。

(2) 切片　块肉经冻结成型后，脱模取出肉块，用半自动切片机或手工顺肉纤维方向切成厚度为 2mm 左右的薄片。

(3) 腌制、嫩化　腌制的基本目的是为了对制品起到防腐、稳定肉色、提高肉的保水性和改善肉品风味的作用，并通过木瓜蛋白酶的作用软化肌纤维及结缔组织，使肉质嫩度改善。所以腌制时间和温度的选择应以适合木瓜蛋白酶的作用为依据。将肉片与各辅料充分拌和，放置在室温下，腌制 20min。碎肉则在绞碎之后即行腌制，条件与肉片腌制一样。

(4) 摊筛、干燥　准备金属筛，先刷涂一层植物油，将肉片整齐摊放。然后送入烘箱，控制温度在 45～55℃，烘干 3～4h。此阶段干燥温度较低，主要目的是去除部分水分，使肉片干燥定型。

(5) 蒸煮　干燥定型后的肉片送入蒸锅，蒸 8～10min，目的是使肉片熟化，并通过高温蒸煮使部分结缔组织软化，肉质的嫩度进一步得到改善。

(6) 二次干燥　将肉片摊筛铺放，入烘箱进行第二次干燥，使肉片的水分进一步脱出，达到成品水分含量的要求。温度为 80～85℃，干燥时间 30～35min，肉脯最终水分含量在 20％以下。

(7) 包装　干燥完成的肉脯移入冷却间冷却，真空包装后即为成品。为了提高产品的风味口感，也可在包装前再拌和一定量的调味料。

十一、休闲牛肉棒

1. 原料配方

牛肉 75kg，猪肉 20kg，食盐 2.5kg，亚硝酸钠 0.01kg，白糖 0.7kg，混合香料 1.5kg，柠檬酸适量。

2. 工艺流程

原料肉预处理→搅拌→绞制→和料搅拌→再绞制→再搅拌→灌浆→干燥→烟熏→蒸煮→喷淋→包装→成品

3. 操作要点

（1）原料肉预处理　原料肉放在干净卫生的解冻池中解冻，牛肉应完全浸没在流动的清水中，水温控制在 1～5℃，室温控制在 15℃ 以下，解冻视气温情况，必须完全解冻，要求肉中心无冻块和硬块。然后剔除筋膜、腱、软骨、淋巴、淤血、脂肪、污物等，再用清水冲洗表面血污，沥干水分后备用。把牛肉通过绞肉机绞细。

（2）搅拌　搅拌温度控制在 4℃ 以下，此过程应避免温度升高，以免脂肪组织破坏。

（3）和料搅拌　加入配方中调料继续搅拌。

（4）再绞制、再搅拌　将搅拌好的肉馅用 4～5mm 孔板再绞细。将绞制后的肉馅与酸味物质（如柠檬酸）混合均匀。如果加入微胶囊包埋柠檬酸，应仔细加入搅拌，以保证不破坏微胶囊。

（5）灌浆　将搅拌好的肉馅真空灌装入 14～16mm 口径的胶原蛋白肠衣。

（6）干燥、烟熏　应保证较好的空气流通及烟熏。

（7）蒸煮　在烟熏炉内采用阶梯蒸汽蒸煮，至中心温度为 69℃。

（8）喷淋　冷水喷淋 3min，将产品悬挂至室温并保持 12h。

（9）包装　包装后的产品保证每一截的长度相同，质量相同。

十二、麻辣牛肉豆腐条

1. 原料配方

卤豆腐干 10kg，牛肉 1kg，花生米 3kg，黑芝麻 0.3kg，白糖 0.1kg，料酒 0.1kg，精盐 0.35kg，豆油 0.5kg，味精 30g，八角 9g，小茴香 10g，尼泊金乙酯 1.28g，丁香 3g，肉豆蔻 8g，陈皮 10g，草果 6g，山柰 6g，桂皮 9g，生姜 100g，大蒜 50g，花椒 25g，白胡椒 9g，辣椒 20～50g。

2. 工艺流程

花生米→清洗→加牛肉汤→煮制→沥干

卤豆腐干→蒸软→切条→加牛肉汤→入味→沥干→混合调配→包装
麻辣油

黑芝麻→清洗→淘洗→晾干→炒熟

成品←检验←杀菌←

3. 操作要点

（1）制牛肉汤和五香花生米　新鲜牛腿肉入锅加水煮沸，去浮沫，加入香辛料包（留下花椒 20g 及全部辣椒），再煮沸 20min，添加食盐、白糖及少许料酒，加入花生米煮制 20～25min，捞出沥干。

（2）卤豆腐干处理　蒸汽加热、软化 20～25min，取出稍凉，切成 40mm×10mm×4mm 条状，倒进牛肉汤中煮沸，60～70℃焖 40min，再煮沸，加入剩余料酒，再焖 20min，捞出沥干备用。

（3）炒黑芝麻　黑芝麻洗净、晾干后用铁锅炒熟。一般从开始无声到听见劈啪声，再到基本无声时表明已炒熟。

（4）制麻辣油　辣椒去柄碾成粉，剩余花椒碾破即可。豆油入锅烧热，放入花椒炸至焦黄色捞出去掉。油重新烧熟后倒入辣椒粉中，边倒边搅，最后取其上层油即为麻辣油。

（5）混合调配　将半成品豆腐条、花生米、黑芝麻混合均匀，加入味精、尼泊金乙酯、麻辣油搅拌均匀。

（6）包装杀菌　真空包装 100±3g（净重）。100℃蒸汽杀菌 20～25min 即可。

十三、方便牦牛肉条

1. 原料配料

(1) 原料配方 牛肉 100kg，食盐 6.5kg，酱油 3.5kg，料酒 0.5kg，葡萄糖 2.0kg，花椒 0.3kg，八角 1.2kg，丁香 0.2kg，草果 2.0kg，鲜姜片 3.5kg，洋葱 1.5kg，鸡精 0.1kg。

(2) 调料包配方（按占配料总质量的比例计） 食盐 50.0%，葡萄糖 20.0%，花椒 2.5%，八角 0.5%，丁香 0.5%，草果 0.5%，姜粉 5.0%，鸡精 10.0%，胡椒 0.5%，辣椒 10.0%，桂皮 0.5%。

2. 工艺流程

调料包配料→熬制→包装→杀菌→冷却→调料包成品
　　　　　　　　　　　　　　　　　　　↓
原料选择及修整→嫩化→煮制→切条→干燥→包装→成品

3. 操作要点

(1) 原料选择及修整 选择屠宰检验合格的无病变组织、无伤斑、无浮毛、无粪污、无胆汁污染和无凝血块的牦牛胴体，冲洗干净，修去板筋、淋巴、筋膜及软骨。为方便肉条的制作，原料宜选择肌肉块形大而完整的部位，以前、后腿部最佳。洗净后切成 1kg 左右的肉块。

(2) 嫩化 牦牛长期生活在高原缺氧地区，体质粗壮结实，肌红蛋白含量高，肌纤维粗硬，需经嫩化处理以改善肉质，提高产品质量。肉的嫩化方法很多，其中酶嫩化技术操作容易，效果好，应用广泛。配制浓度为 0.02% 的木瓜蛋白酶溶液，调节 pH 值至 6.5，即为嫩化酶液。取部分酶液用注射机均匀注入肉块内。放入已加热至 30℃ 的酶液中浸泡，保持 30℃ 嫩化处理 40～50min。

(3) 煮制 按配方进行配料。煮制方法嫩化完成的肉块取出沥干水分，放入煮锅，按肉质量的 25% 左右加入清水，加热至沸，撇去泡沫，待泡沫不再产生后旺火加热煮制 0.5h。加入调料，改用文火继续煮 1～1.5h，最后转入高压锅高压煮制 20min。

(4) 切条 肉块冷却后，顺肌纤维方向切成 3cm×0.5cm×0.3cm 大小的细条。切条的大小直接影响产品的复水性、咀嚼性和外观。切条太大，产品复水时间长，口感差，外观也不好看；切条太小，易使消费者产生碎肉的感觉，影响产品的商品性。

（5）干燥　由于方便牦牛肉条在食用之前需进行复水，复水性的好坏是决定产品质量极其重要的指标。干制品复水不良，有些是细胞和毛细管萎缩和变形等物理变化的结果，但更多的还是物理化学和化学变化所造成的结果。食品失去水分后盐分增浓和热的影响就会促使蛋白质部分变性，失去了再吸水的能力或同时还会破坏细胞壁的渗透性。因此，防止或减轻蛋白质的变性对提高产品的复水性能具有重要的意义。真空干燥由于降低了水的沸点，使水分在较低的温度下得以蒸发排除，有效地减轻了蛋白质变性的程度，因此所生产的产品复水性能较好。

将肉坯在烘盘上均匀摊开铺平，送入真空干燥箱，抽真空使箱内压力达到 0.07MPa，维持温度在 40～45℃，干燥 2h 左右。

（6）调料包的生产　按调料包配方进行调配，调料包单独包装后再包入牛肉条的包装袋中。调料生产过程取煮制后的牦牛肉汤，在汤中加入各粉状调料，汤料比为 30∶1，并加入少许色拉油，混合均匀。加入色拉油的作用是，一方面改善酱包的黏稠性，另一方面提高其光泽度。将混合好的汤料在文火中加热熬制，并不断搅拌，使其浓缩成具有一定黏稠度的酱制品即可包装。包装采用热封包装，将包装好的酱包放入沸水中加热杀菌 30min。

（7）包装　调料包包装尺寸为 6cm×5cm，装酱量大约为 5g。干燥后的牦牛肉条每 75g 用复合塑料袋包装后再连同酱包一起包装。

十四、牛肉米片

1. 原料配方

（1）米片　碎粳米 75kg，粳糯米 15kg，牛肉粒 5kg，熟花生油 3kg，淀粉 2kg。

（2）牛肉粒　绞碎牛肉 50kg，酱油、白糖各 5kg，精盐、大葱各 2kg，黄酒 1kg，花椒粉、八角粉、胡椒粉各 0.6kg，调料包（生姜 3kg，砂仁、肉蔻各 0.1kg，山楂片 0.2kg），丁香粉 0.05kg，净水 30kg。

（3）调味粉 花椒粉 1%，辣椒粉 2%，姜粉 2%，味精 20%，五香粉 0.6%，丁香粉 0.4%，精制盐 74%。

2. 工艺流程

牛肉绞碎→炖煮→过滤

原料米选择→清理→淘洗→熟化→拌料→压片→成型→预干

成品←包装←拌调味粉←油炸←

3. 操作要点

（1）原料米选择 碎粳米、粳糯米无霉变、蛀虫及杂质。

（2）熟化、拌料 将洗净的粳糯米放入夹层锅，加水煮沸10～15min，再放入碎粳米煮沸 15～20min，捞出放入蒸笼内，在100℃下蒸制 20～25min 后，将蒸熟的米饭取出，要求淀粉糊化85%以上，无硬芯，疏松不熠，透而不烂，熟化均匀；然后趁热加入牛肉粒、熟花生油拌匀，冷却至 30℃：左右，加入淀粉，供压片用。

（3）牛肉绞碎 选用新鲜中肋部牛肉，割去脂肪、脂肪膜，剔除肋骨等，净肉用切绞机切成 0.2～0.3mm 的肉粒，但不能绞成肉糜。

（4）炖煮、过滤 将碎牛肉放入夹层锅，加水搅拌使肉粒分散。若先加热，蛋白质因受热变性凝固，肉粒收缩粘连，再搅拌很难得到均一的肉粒。煮沸后撇去浮沫、血污，加入炖煮调料，在微沸状态下炖煮 1.5～2h（肋骨与肉粒一起炖煮风味会更好）。将葱段和调料包（下次还可再用）捞出，过滤出肉粒，沥干供拌料用。

（5）压片、成型 将拌好的米饭用压面机辊轧几次，轧成1.2～1.5mm 厚的米片，冲压或切成方形、长方形或菱形片坯。

（6）预干、油炸 将成型湿片均匀地装入底部有孔的烘盘，送入干燥室（或干燥箱），在 60～100℃下干燥 2～3h，使水分降低到10%～13%。将食用油入锅加热，油炸筐装入米片 3～5kg，油温至 150～180℃放入，炸至金黄色、酥脆时迅速提筐，时间 2～3min，每炸一次应将锅内米片碎渣捞净。

（7）拌调味粉 将油炸米片倒出，趁热撒入适量混匀的麻辣调味粉拌匀。若加工其他风味的米片，可于此时加入相应的调味粉拌匀即可。

（8）包装　将拌好调味粉的米片冷却至常温，拣出碎片另行处理。正品采用铝箔复合袋或塑料袋包装，每袋净重（250±7.5）g，抽真空或充氮气密封。若采用塑料袋包装，则应注意遮光存放，提高保质期。按要求若干小袋为一箱，打包入库存放即为成品。

十五、牛肉糕

1. 原料调味配方

牛肉 100kg，食盐 3.0kg，酱油 5.0kg，白砂糖 1.5kg，料酒 0.5kg，亚硝酸钠 15g，异抗坏血酸钠 50g，五香粉 0.25kg，味精 0.7kg，洋葱 5.0kg，生姜 5.0kg，膨松剂 0.2kg，淀粉 5.0kg，面粉 20.0kg。

2. 工艺流程

原料的选择及整理→斩拌、调味→装模→烘烤→脱模、冷却、真空包装→成品

3. 操作要点

（1）原料的选择及整理　选择健康并经兽医卫生检验合格的牛肉为原料，各部位均可使用，但以后腿肉品质最佳。去除淤血、筋腱，剔去碎骨、淋巴等影响产品质构的部分，清洗干净后，再经清水浸泡 30～60min 去除血污，漂洗沥干后切成小块，再用绞肉机绞成肉糜。

（2）斩拌、调味

① 斩拌　斩拌是肉糜的乳化工序，通过机械作用破坏细胞结构，使肌肉组织中的盐溶性蛋白溶出，形成乳化状肉糜。斩拌是生产中至关重要的过程，此工序对各种工艺参数要求相当严格，稍有差错，便会导致产品出现一系列的质量问题。斩拌工序要求肉糜温度在 6℃左右，所以原料肉在斩拌之前应先行预冷。斩刀要锋利，斩拌时间不宜过长，一般为 5～10min。斩拌中可采用添加冰水或碎冰块的方法，以防止温度上升。原料要分批加入，一次投料不宜太多。

② 调味　先将酱油、料酒倒入斩拌机内，再加入绞碎的肉糜，

斩拌 2～3min，均匀地加入食盐、白砂糖、味精、五香粉等调料，继续斩拌 5～6min，最后加入面粉、淀粉、膨松剂，搅拌均匀即可。

（3）装模　成型模具为圆形模或方形模，预先在模内刷涂植物油，加入肉糜，压紧、抹平，厚度控制在 1cm 左右。

（4）烘烤　烘箱预先升温至 250℃，放入肉模，恒温烤制 15min，然后降低温度至 190℃，恒温烤制 20min，再降温至 80～85℃，烘烤 1～2h，至肉糕表面呈微黄色；此时肉糕已经干燥成型，取出肉模，将肉糕脱模翻面，再送入烘箱，控制温度在 80～85℃，烤制 1h，再升温至 250℃，烤至肉糕表面呈焦红色即可出箱。

（5）脱模、冷却、真空包装　待肉糕完全冷却后，按照一定规格切成条、块等形状，进行真空包装即为成品。

十六、麻辣牛肉条

1. 原料调味配方

牛肉（瘦）500g，花生油 100g，大葱 20g，姜 15g，料酒 10g，白砂糖 25g，芝麻 5g，精盐 10g，辣椒（红，尖，干）10g，花椒 5g，味精 2g，辣椒油 25g。

2. 工艺流程

原料的选择及整理→调味→蒸煮→切分→油炸→冷却→真空包装

3. 操作要点

（1）原料的选择及整理　把瘦牛肉去筋洗净，切成两个整齐的大块放入深盘内；大葱切 3cm 的段；干辣椒切成 1cm 长的节；芝麻洗净炒熟待用。

（2）调味　放入洗净拍松的葱姜、精盐、料酒腌渍 60min 待用。

（3）蒸煮　将蒸锅置火上，将腌好的牛肉放入笼屉内用旺火沸水蒸至软烂，取出晾凉。

（4）切分　切成 4cm 长、1cm 宽的条。

（5）油炸　锅置火上，下入油烧热时，将切好的肉条放入油锅中炸干水分捞出控去油；锅内留 30g 油，下入花椒、干辣椒、葱、姜煸出香味加入汤，放入炸好的牛肉条、精盐、白糖、料酒烧制。

然后中火收汁，汁干时加入辣椒油，撒上炒熟的芝麻翻炒均匀出锅，凉后真空包装。

十七、麻辣牛肉干

1. 原料调味配方

瘦黄牛肉 500g，生姜 15g，菜油 1000g（实耗 150g），熟芝麻油 25g，五香粉 5g，白糖 15g，花椒粉 5g，辣椒粉 5g，醪糟汁 25g，精盐 15g，味精 1g，生姜、花椒粒少许。

2. 工艺流程

原料的选择及整理→油炸→调配→包装

3. 操作要点

（1）原料的选择及整理　选精黄牛后腿部净瘦肉，不沾生水，除去筋膜，修切成整齐的长方块状，均匀地片成极薄的大张肉片。将肉片抹上经过炒制磨细的盐，卷成圆筒，放入竹筲箕内，置于通风处晾干血水。将晾的牛肉铺在竹筲箕背面，置木炭小火上烤干水气，入笼蒸半小时，再用刀将牛肉切成 5cm 长，3cm 宽的片子，重新入笼蒸半小时，取出晾冷。

（2）油炸　菜油烧熟，加入生姜和花椒粒少许，油锅端离火口。10min 后油锅再置火上，捞去生姜、花椒粒。然后将牛肉片均匀地抹上醪糟汁下油锅炸透，边炸边用漏勺轻轻搅动。待牛肉片炸透，即将锅端离火口，捞出牛肉片。

（3）调配　锅内留熟油 50g，再置火上加入醪糟汁、五香粉、白糖、辣椒粉、花椒粉，放入牛肉片炒匀起锅后加味精、熟芝麻油拌匀、晾冷即成。

第五节　酱卤制品生产

一、卤水鹅片

1. 原料配方

狮头鹅 2500g，猪肥肉 250g，南姜 50g，蒜仁 75g，沙姜 75g，

花椒 10g，八角 25g，丁香 10g，草果 25g，甘草 25g，桂皮 25g，香菇 25g，香葱 25g，芫荽 50g，生姜 100g，玫瑰露酒 1 瓶，鱼露 2 瓶，生抽王 3 瓶，片糖 250g，花生油 150g，味精 25g，盐适量。

2. 工艺流程

原料预处理→配料→卤制→调配→包装→成品

3. 操作要点

(1) 原料预处理　选用广东狮头鹅 2.5kg，砍下脚和翅膀的中段，洗净。

(2) 配料　按配方制卤水。将草果拍裂，生姜、猪肥肉切成大片；锅置火上倒花生油烧热，将猪肥肉片炸至出油，下香葱、蒜仁、生姜、芫荽炸香，加入南姜、沙姜、花椒、八角、丁香、草果、甘草、桂皮、香菇炸香，出锅装入白纱布袋内，即为香料包；将骨汤放入不锈钢桶内烧开，加片糖、生抽王、老抽王、鱼露、味精、盐调匀，另入香料包，文火煮半小时，加入玫瑰露酒，即为卤水。待卤桶里的卤水烧滚后放入鹅，用中火煮 20min，倒入玫瑰露酒，取出鹅，在其腿上、肩部用粗钢针插几下（这样可以把血水放掉）。

(3) 卤制　将鹅再放入卤桶中，待烧至 40min 时，盖上卤桶盖，改用文火烧 20min 后即可把鹅取出。

(4) 调配　装盘时取鹅的胸脯段，用斜刀面 45°切薄片（要保持每一片的大小都一样）。

二、香卤鹅膀

1. 原料配方

鹅翅膀 750g，卤汁 1000g，丁香 50g，大葱 15g，生姜 70g，酱油 20g，盐 50g，植物油 75g，白砂糖 15g，香油 5g，花椒 3g，料酒 20g。

2. 工艺流程

原料预处理→油炸→卤制→调配→包装→成品

3. 操作要点

(1) 原料预处理　鹅翅膀用盐、料酒、花椒、丁香（总量的三分之二)腌制一段时间。腌后放入开水锅中,先焯水,捞出后放在清水盆中,拔去残余的毛,洗净。

(2)油炸　炒锅放生油,烧至六成热,下鹅膀逐只炸制,待表面收缩,呈金黄色时,捞出沥油。

(3)卤制、调配　炒锅留余油,葱段、姜片下锅略煸,放入酱油、白糖,适量清水、老卤和剩下的丁香,旺火烧开,小火继续烧煮,待鹅膀全部上色入味、卤汁稠浓时,淋香油,出锅冷却。

三、八角酱鹅肉

1. 原料配方

鹅 2000g,酱油 200g,姜 35g,八角 5g,大葱 50g。

2. 工艺流程

原料预处理→调配→卤制→整理→成品

3. 操作要点

(1)原料预处理　将鹅杀死,去毛和内脏,用盐稍腌制,泡一夜;次日用温热水洗净,投入冷水锅中,以大火烧开。

(2)调配　加葱花、姜片、酱油和八角。

(3)卤制　改用小火煮焖 1h,锅离火冷却后取鹅。

(4)整理　将鹅脯剁成小块放盘中,作垫底料,后将其他鹅肉用斜刀法切成片。

四、醉鹅掌

1. 原料配方

去骨鹅掌 20 只,姜片 150g,绍酒 75g,水 100g,白砂糖 10g,白醋 10g,蒜 20g。

2. 工艺流程

原料预处理→调配→卤制→成品

3. 操作要点

(1)原料预处理　鸭掌洗净,用滚水煮约 5min 取出洗净,浸在清水中 20min,捞起沥干备用。

(2)调配　烧滚一锅水,下白醋、姜片、盐一茶匙和鸭掌煮约

25min 取出。

（3）卤制　把绍酒、水、上汤、白砂糖和蒜一同煮滚，待凉，放入鸭掌浸约 3h。

（4）成品　鸭掌冷却后真空包装即为成品。

4. 注意事项

姜去皮后，先用细盐捞匀，随即用水冲去盐分，再用凉开水浸泡片刻，沥干水分。跟着把白砂糖用白醋煮至溶化，待凉，放入姜浸泡便成。但要注意的是姜要浸 2 天以上，切片的 1 天已足够。

五、麻辣乳鸽

1. 原料配方

（1）腌制料配方　鲜乳鸽 5kg，八角 15g，食盐 175g，白砂糖 100g，干辣椒 120g，生姜 50g，黄酒 50g，花椒 20g，味精 15g，葱 10g，小茴香 4g，桂皮 3g。

（2）涂料配方　饴糖或蜂蜜 30%，料酒 10%，腌卤料液 20%，水 40%，辣椒粉适量。

2. 工艺流程

乳鸽的选择→宰前处理→宰杀放血→烫毛、煺毛→开膛、净膛→去头爪→清洗→浸卤腌制→晾干→烫皮→晾干→填料→涂料→整形→晾干→烘烤→成品

3. 操作要点

（1）乳鸽的选择　选饲养 25 天，活重 500g 的健康乳鸽为原料。

（2）宰前处理　宰前使鸽避免剧烈运动，惊吓、冷热刺激。宰前 18h 开始绝食，绝食期间充足的饮水，绝食场应为水泥或水磨石地面，附近无砂石、杂草、以防饿时啄食。

（3）宰杀放血　在颈部切断三管法宰杀，操作要准，刀口小，放血完全。

（4）烫毛、煺毛　放血后的鸽应尽快煺毛，浸烫水温一般控制在 60～65℃，水温要恒定，浸烫 1min 左右。以易拔掉背毛为宜，不得弄破鸽皮，绒毛除尽。

（5）开膛、净膛　从腹部开 2～3cm 的刀口，摘掉内脏，拉出

食道、气管，并沿肛门外围用刀割下，防止胃肠、胆汁污染胴体。同时将余血除净。

（6）去头爪　将头爪除去。

（7）清洗　手工洗净体内外污物及血水。

（8）浸卤腌制　将按比例配的香辛料放入盛有 3kg 水的浸提锅中，加热至沸并文火保持 30min，将浸提液过滤于浸泡中，再加入配方中的白砂糖、黄酒、食盐、葱搅匀，冷却备用。待料液冷却至 25℃ 以下时将处理好的乳鸽放入腌料液中，腌制 4～6h 即可。

（9）晾干与烫皮　将腌好的鸽坯表皮晾干，然后用勺舀沸腾的卤液浇于鸽体上，这样可减少烤制时毛孔流失脂肪，并使表皮蛋白质凝固。烫后的鸽坯再晾干表面水分。

（10）填料　将烫皮晾干的鸽坯腹部开口处将葱、姜、香菇等调料填入腔内，然后将口缝好，填料量为鸽重的 10%，姜为鸽重的 20%，香菇适量。

（11）涂料、晾干　按配方将搅匀的涂料均匀地涂于体表，然后放通风处晾干，涂料时鸽体表面不得有水、油，以免烤时着色不均而出现花皮现象。

（12）烘烤　先将烤箱温度迅速升至 230℃，再将涂料晾干的鸽坯移入箱，恒温烤制 5min，这时表皮已开始焦糖化。然后打开烤箱排气孔将炉温降至 190℃ 烤 25min，烤至表皮呈金黄色，再关闭电源焖 5min 即可出炉。

（13）成品　出炉后的成品鸽，鸽腹朝上放入盘中，将钢丝针取下整形后即可出售。

六、辣味鸭脖子

1. 原料配方

（1）原料配方　袋装冰鲜鸭脖子 5000g，干辣椒 400g，花椒 15g，姜块 200g，葱节 150g，料酒 100g，硝盐 1g，精盐 300g，味精 15g，鲜汤 5000g，精炼油 2000g。

（2）香料配方　八角 20g，山奈 20g，桂皮 20g，小茴香 10g，草果 10g，荜拨 50g，白芷 40g，香草 50g，橘皮 25g，千里香 15g，

香茅草 20g，甘草 10g，甘松 3g，丁香 5g，砂仁 10g，豆蔻 12g，排草 5g，香叶 10g，红曲米 50g。

2. 工艺流程

制辣味卤汁

↓

鸭脖子初加工→卤制→冷却→成品

3. 操作要点

(1) 鸭脖子的初加工　鸭脖子解冻，冲洗干净后，加入姜块 50g、葱节 50g、精盐 100g 及料酒、硝盐拌和均匀，腌渍码味约 1～2h，取出，用清水洗净，然后放入沸水锅里焯一水，捞出备用。

(2) 制辣味卤汁　干辣椒剪成节，香料用清水稍泡，沥水；红曲米入锅，加入清水 1200g 熬出色，然后去渣，留汁水待用。净锅上火，放入精炼油烧至三成热，下入干辣椒节、香辛料及剩余的姜块、葱节稍炒，掺入鲜汤（可用猪筒子骨、鸭架、鸡架等熬成）及红曲米水，调入精盐、味精烧开后，改文火熬煮 2h，至逸出辣味、香味后，即成辣味卤汁。

(3) 卤制　把初加工好的鸭脖子放入烧开的辣味卤汁里，用中火卤 30min 左右即可关火（自己随时掌握煮好没有），然后让鸭脖子继续在辣味卤汁中浸泡 20min，随后捞出晾凉即可斩块食用。

4. 注意事项

(1) 鸭脖子以袋装冰鲜的去皮为好，以自然解冻为佳。洗净后，一定要先腌渍、焯水后再卤制，否则腥味太重。加放硝盐才会色泽浅红、风味较佳，千万不要过量多加！以免对人体有害。

(2) 干辣椒以选干小米椒为好，因为这种椒色红油亮、辣味较重。辣椒剪成节后，还应保留辣椒籽，因为辣椒籽也有增加卤汁香味的作用。炒制干辣椒时，宜重放精炼油，稍炒即可（切忌炒焦成糊辣风味），掺入鲜汤煮制后，方可突出其"劲辣"风味。

(3) 要想鸭脖子骨头里也带辣味，其实不难。鸭脖子氽水后，脊椎管里脊髓成熟收缩，露出小孔，卤制时辣油汁进入孔内，骨内自然带有辣味。卤熟后继续浸泡是为了使其入味。

(4) 卤制的时间，要耐心地试验。离火后，保证浸泡的时间很重要。

第六章 果蔬蜜饯休闲食品

第一节 果品蜜饯食品

一、蜜饯樱桃

1. 原料配方

鲜樱桃 100kg，白砂糖 100kg，明矾 7kg，食盐 3kg，鲜橘红色素 60g。

2. 工艺流程

选料→刺孔→固化处理→脱盐→浸渍→糖汁配制→包装→成品

3. 操作要点

（1）选料　需选新鲜饱满、成熟度在八九成的甜樱桃品种为宜。剔除病虫害、机械伤等不合格果实。

（2）刺孔　将连接在一起的樱桃分成单枝，用清水洗干净，果梗可不必摘除，然后用刺孔器逐一从果实两边刺孔。

（3）固化处理　将明矾、食盐，加水溶化（加水量以能淹没果实为度），然后将鲜樱桃放入，腌制 4～5 天，捞出沥干。

（4）脱盐　将腌成的果坯在清水中浸泡 4～5 天，中间需换 1 次水，待漂去盐分后，将果坯捞出沥干浮水。

（5）浸渍　糖要分次加入（一般可分 3 次），并与果坯拌和均匀进行糖渍，每次相隔 1 天左右。待食糖全部溶化后再加入食糖（间隔时间可灵活掌握，以食糖是否溶化为准）。食糖全部加完后静置糖渍，等到果实吸收糖液表现饱满状态以后，可将果实捞出。

（6）糖汁配制　将浸渍樱桃的糖卤入锅上火加热，同时加入鲜橘红色素，与糖卤调匀后即可离火冷却。然后将配好的糖汁经过滤后去除杂质，倒入盛有樱桃的容器中，轻轻翻动，使其着色均匀。

（7）包装　用塑料薄膜食品袋包装。

二、干蜜樱桃

1. 原料配方

去核樱桃 100kg，白糖 103kg（实耗 35kg）。

2. 工艺流程

原料处理→糖渍→糖煮→晒干→包装→成品

3. 操作要点

（1）原料处理　樱桃去核后、放入缸内用水漂洗干净，然后倾入沸水中煮 4～5min。取出再用清水漂洗干净。

（2）糖渍　移到陶制的容器中，进行糖渍，每 100kg 果约加糖 50kg。糖渍时间约半天到 1 天。

（3）糖煮　糖渍后，将樱桃连同糖卤一同倒入不锈钢锅内，每 100kg 加白糖 30～35kg，煮沸，再回到陶制容器，令其慢慢地吸收糖液。经 1～2 天，再行第二次加热，并酌量再加糖 12～18kg，煮沸后静置 1～2 天，再煮 1 次。

（4）晒干　经过 3 次热煮，樱桃果肉呈透明美丽的鲜黄色。取去沥干多余的糖液，分散在晒床上，晒干。晒时经常用清洁的湿布抹擦果实，并加轻揉，以免粘在晒床上，又可使果形整齐。晴朗天气晒 1～2 天即可晒干。

（5）包装　除去破损的和形状色泽不良的果实，用塑料薄膜食品袋包装。

三、蜜饯山楂

1. 原料配方

山楂 1kg，白砂糖 500g，蜂蜜 200g，水适量。

2. 工艺流程

原料处理→糖煮→糖渍→包装→成品

3. 操作要点

（1）原料处理　将山楂洗净，去掉果柄、果核。

（2）糖煮　将山楂放在铝锅内，加水适量，并加入 300g 白砂糖，煮 30min 后，将其余的白砂糖全部加入，用文火煮。煮 20min 左右，加入蜂蜜，用旺火煮约 20min，待果肉吸收糖液呈透明状时出锅。

（3）糖渍 将山楂连同糖液一起倒入容器中，糖渍 24h 后，捞出即为蜜饯山楂。若将沥去糖液的山楂暴晒 2 日，便为山楂脯。

四、蜜饯海棠

1. 原料配方

鲜白海棠 32.5kg，白砂糖 30kg，亚硫酸氢钠 250g。

2. 工艺流程

选料→清洗→剪梗→刺孔→浸硫→漂洗→煮制→冷却→包装→成品

3. 操作要点

（1）选料 选用品种优良的白海棠，剔除 20g 以下的小果及病虫害、斑疤破裂、变色等不合格果。

（2）刺孔 先将海棠用清水洗涤干净，果柄留 2cm 长，多余的剪去。然后用刀挖去花萼，再用刺孔机在果身上均匀刺孔。

（3）浸硫 将处理好的果实倒入浓度为 0.5% 的亚硫酸氢钠溶液中浸泡，时间 1h 左右，然后捞出用清水漂洗干净。

（4）煮制 先配成浓度为 55% 的糖液，用绢罗或纱布过滤。然后将海棠及为果实重 1.5 倍的糖液一起倒入煮锅内，用大火煮沸。煮沸后，立即压火，改用文火熬煮，使锅内保持轻微的沸腾状态；同时应轻轻翻动，使果实均匀吸收糖液。此时切忌使用旺火，否则容易引起果脱皮使果煮烂。煮至果实表面产生细小裂纹，变得透明，用手捏感到绵软时即可端锅离火。

（5）冷却 用竹笊篱将果实捞出，放在瓷盘或木槽中冷却。在冷却过程中可将果实轻轻翻动，以免粘在容器上造成破损。

五、金橘蜜饯

1. 原料配方（以金橘用量为基准）

金橘 100%，葡萄糖 25%，蔗糖 75%，柠檬酸 0.5%。

2. 工艺流程

原料选择→刺孔→盐渍→预煮→糖渍→干燥→包装→成品

3. 操作要点

（1）原料选择　选择八九成熟，果实大小、成熟度均匀一致的金橘作原料。剔除伤残、病虫害及腐烂果，用清水洗净。

（2）刺孔　用不锈钢针刺果皮，深度 3～5mm，9～12 孔/cm^2。

（3）盐渍　用 4％的食盐水浸渍 24～30h，直至金橘上浮为止，再用清水洗去盐分。

（4）预煮　在沸水中煮烫 10～15min，用冷水迅速冷却。

（5）糖渍　先用葡萄糖加蔗糖混合成为 25％的糖液浸渍；以后每天用同样比例但浓度提高 10％的糖液进行糖渍；至果肉糖浓度提高到 50％后，再改用 40％葡萄糖加 60％蔗糖的混合液，使浸渍糖液浓度提高到 60％；再加 0.5％的柠檬酸，浸渍至果肉糖度达 68％以上时，糖渍完毕。历时 18 天左右。

（6）干燥　捞出金橘，沥干糖液，于 90～95℃的热水中洗糖 5～7s，再用 30～35℃的热风吹干 1～1.5h，即成为一种表面无糖衣的金橘蜜饯。

第二节　果脯食品

一、桃脯

1. 原料配方

桃子 10kg，白砂糖 1.75kg。

2. 工艺流程

选料→去皮→硫化→剖开去核→糖制→冷却→整型→干燥→包装→成品

3. 操作要点

（1）选料　制作桃脯要选用刚由青转白或转黄，肉质坚硬的白肉桃或黄肉桃作原料。

（2）去皮　将鲜桃置于竹篮中，放入含有 2％～3％的氢氧化钠沸液中搅动 1min，使桃皮自然脱落。

（3）硫化　将去皮的桃子用清水洗净，倒入含有 0.2％～

0.3%的亚硫酸氢钠液中浸泡 4~8h，使桃肉转为洁白色。

（4）剖开去核　将经过处理的桃子洗干净后，用小刀沿桃子的缝合线对剖开，切成两半，并挖去果核。

（5）糖制　将浓度为 35%～40%的糖液煮沸，将去核的桃子入锅烫煮 10min。然后将桃子及糖液一起倒入大缸，浸渍 12~24h。将浓度为 50%的糖液煮沸，将经过第一次糖煮的桃子倒入，烫煮 4~5min，取出桃子，凹面向上，铺于竹屉上冷却、晾晒，直至桃子的总量缩减 1/3 为止。将浓度为 65%的糖液煮沸，将已半干的桃子倒入，烫煮 15~20min。

（6）冷却整型　将经过第三次糖煮的桃子取出，沥净糖液，放在竹屉上冷却。然后，用手将桃子捏成整齐的扁平圆形。

（7）干燥　将经过整型的桃子放在竹屉上晾晒，也可在 60~70℃的烘房内烘烤 18~24h，直至桃脯表面不粘手，果肉稍具弹性时，即为桃脯。

二、樱桃脯

1. 原料配方
（1）原料　新鲜樱桃 100%，白糖 60%，柠檬酸 0.7%。
（2）硬化剂　焦亚硫酸钠 0.3%～0.4%。

2. 工艺流程
原料选择→硬化→去核→糖渍→糖煮→烘制→包装→成品

3. 操作要点
（1）原料选择　选用成熟度 8 成，新鲜饱满、个大肉厚、风味正常、无霉烂、无病虫、无机械损伤的果实。

（2）硬化　将挑选好的樱桃倒入 0.3%～0.4%的焦亚硫酸钠溶液中浸泡 1 天左右。浸泡时间不宜过长，否则会导致樱桃裂口。

（3）去核　浸硫后用人工或去核机将樱桃的核去掉。去核时不得破坏果实完整，不使果肉破碎。

（4）糖渍　将经过去核的樱桃进行漂洗，以除去残余的硬化剂。然后把樱桃放在 55%的糖液中腌制约 4h。

（5）糖煮　糖渍后的樱桃果实与糖液一起倒入锅内，并加适量白糖及柠檬酸调节酸度。糖煮时间约 30min，使糖液浓度达到 50％。煮制时要使糖液充分渗透到果实内，把水分替换出来，并保持果实不变形，不皱缩。

（6）烘制　将煮制好的樱桃果肉连同糖液一起倒入缸内进行第二次糖渍，时间 1～2 天。然后将果实捞出，沥净糖液，或放在温开水中冲洗 1 次，洗去果实表面糖液，即可入烘房烘制。烘房温度保持 60～65℃，烘制 7h 后出房冷却，即为成品。

（7）包装　包装时剔除杂物及破碎果，并按果实颜色分拣开，用食品袋包装。

三、山楂脯

1. 原料配方

山楂 50kg，白砂糖 25kg。

2. 工艺流程

原料选择→清洗→去核→糖煮→干燥→包装→成品

3. 操作要点

（1）原料选择　选择新鲜饱满、色泽鲜艳、果个较大（果径在 2cm 以上）、果肉厚及组织紧密、成熟度八九成、无病虫害的山楂果实作原料。

（2）清洗、去核　用清水将果实漂洗干净，再用捅核机或打孔器将果蒂、梗及核除掉。

（3）糖煮　可以采用一次煮成法或分次煮成法。

① 一次煮成法　山楂 50kg，白砂糖 25kg。先将 20kg 白砂糖配成浓度为 40％的糖液，置于锅中煮沸，倒入山楂果实，迅速加热至沸，再保持微沸 30min，用文火慢慢煮制，使果实均匀沸腾，以免剧烈沸腾使果实破裂。然后将另 5kg 白砂糖分 2 次加入，继续煮到果肉全部被糖液浸透，呈透明状时，即可出锅。将果实连同糖液一起置于缸内浸泡 12h。

② 分次煮成法　先将 45％糖液煮沸，倒入山楂果实，煮沸 5min，将果实与糖液一起置于缸内浸泡 12h。然后重新倒入锅内，将糖液加热至沸，煮至果肉透明即可出锅，再用糖液浸泡 12h。

（4）干燥　从糖液中捞出果实，沥干糖液，放在竹屉或烘盘内，装入烘房的架上干燥，干燥温度为 60～65℃，干燥时间 10h 左右，烘至果脯不粘手，软硬适度，含水量在 18% 以下时即可出烘房。

（5）包装　按质量要求进行山楂的分级，果脯饱满整齐、有光泽、均匀一致的为甲级，其余的为乙级。分级后用食品袋包装并密封。

四、苹果脯

1. 原料配方

（1）原料　新鲜苹果 100kg，白砂糖 66kg，食盐 1kg。

（2）试剂　亚硫酸氢钠 160～250g（或硫黄 300g），氯化钙 80～160g，柠檬酸 80g。

2. 工艺流程

原料选择→整理→硫处理→硬化处理→糖制→干燥→整型→包装→成品

3. 操作要点

（1）原料选择　选用果形大而圆整，果心小，肉质疏松，不易煮烂，8 成熟的果实为原料。以糖酸比较低的品种为佳。剔除病虫害、腐烂果，过小和未成熟或过熟的果实。

（2）整理　将选好的原料用不锈钢刀或旋皮机削去果皮，挖除损伤部分，然后对半切分，挖除果心。而后迅速放入 1% 食盐水溶液中进行护色。

（3）硫处理　硫处理可采取以下两种方法。硫处理后用清水将果块漂洗 2～3 次，捞出，沥干水分。

① 熏硫　将果块从食盐水中捞出，经冲洗后沥干水分，铺在竹盘上，送入熏硫室中进行熏硫处理。以果重 0.3% 的硫磺量，点燃熏制 2h 左右。

② 浸硫　将果块放在浓度为 0.2%～0.4% 的亚硫酸氢钠水溶液中，浸渍 8～10h，进行硫处理。如果果肉质地疏松，也可在溶液中添加 0.1%～0.2% 的氯化钙，在浸硫的同时进行硬化处理。

（4）糖制　先用白砂糖和水配制成 40%～50% 的糖液 25kg，加入果重 0.08%～0.1% 的柠檬酸，煮沸后，加入经整理好的苹果块，用旺火煮沸后经 4～6min，添加浓度为 50% 的冷糖液 3～5kg，再煮沸，再添加冷糖液，如此反复进行 3 次，大约需煮制 30～40min。待果块发软膨胀，表面出现细小裂纹后，便开始撒入白砂糖。每次煮沸（5min 左右）后撒糖 1 次，共加糖 5～6 次。第 1、第 2 次可加入白砂糖 5kg，第 3、第 4 次可加入白砂糖 5.5kg。

每次加糖后也可再加入浓度为 60% 的冷糖液 1kg，最后 1～2 次可撒入白砂糖 6～7kg，总加糖量为果重的 2/3。然后维持文火加热煮制 20min 左右。全部糖煮过程需 1～1.5h。当果块呈透明状时，即可将果块和糖液一起放入缸中，浸渍 24～48min，至糖分渗透均匀为止。

（5）干燥　将糖渍的果坯捞出，沥干糖液，均匀地摆放在竹帘或烘盘上，送入烘房进行干燥。在 60～70℃ 的温度条件下，烘制 24～48h，直至表面不粘手时，即为成品。也可放在太阳下晒干。

（6）整型、包装　将出烘房的果脯放在 25℃ 左右的室内回潮 24～26h，修整去除果脯上的杂质、斑点及碎渣，剔除煮烂的、干瘪的和色泽不好的不合格产品，然后用聚乙烯塑料薄膜袋进行包装。

五、海棠脯

1. 原料配方

海棠果 100kg，白砂糖 75kg，亚硫酸氢钠 60g，柠檬酸 100g，食盐 2kg。

2. 工艺流程

原料选择→整理→硫处理→糖煮、糖渍→烘干→包装→成品

3. 操作要点

（1）原料选择　选用新鲜完整，大小较均匀，成熟度 8 成熟的小型海棠果为原料。剔除有病虫害、严重斑疤、破损、过生或过熟的果实。

（2）整理　将海棠果用清水洗净，沥干水分。剪短果柄，留

1～2mm 长，挖去花萼。然后用刺孔机或手工在果面上均匀地刺孔，并立即放入 1%～2%的食盐水中护色。

(3) 硫处理　将海棠果从盐水中捞出，用清水冲洗 1 次，沥干水分，放入浓度为 0.2%～0.3%的亚硫酸氢钠水溶液中浸泡 4～8h。而后捞出，用清水漂洗，并沥干水分。

(4) 糖煮、糖渍　以果重 30%的白砂糖配制成浓度为 50%的糖液，并加入 0.15%的柠檬酸，放入锅中煮沸，然后倒入经处理的海棠果。再次煮沸，维持微沸煮制 10min 左右，果肉变软时浇入浓度为 55%的冷糖液 3 次，每次浇糖液 5～6kg，每次间隔 5～6min，再次沸腾后分 3 次加入白砂糖和浓糖液。每次加白砂糖 5kg 左右、浓糖液 2kg。然后再根据煮制情况加砂糖 2～3 次，每次间隔 10min 左右，每次加白砂糖 8～10kg，最后 1 次加糖后，煮沸 20min 左右，直至海棠果肉透明。整个煮制过程约为 1.5h。将煮好的海棠果坯连同糖液一起放入缸内，糖渍 24～48h，使果肉吃糖饱满。

(5) 干燥　将糖渍的海棠果坯捞出，沥干糖液，摆放在竹屉上，送入烘房，在 60～70℃的温度条件下烘烤 24～48h，直至表面不粘手即为成品。

(6) 包装　将烘烤好的果脯冷却回潮后，修整去除果脯上的杂质、斑点及碎渣，剔除煮烂等不合格者。装入聚乙烯薄膜袋内，再装入纸箱中进行包装贮存。

六、沙果脯

1. 原料配方
沙果 100kg，白砂糖 70kg，亚硫酸氢钠 40～60g，食盐 2kg。
2. 工艺流程
原料选择→清洗→切分→去核→硫处理→糖煮、糖渍→烘干→包装→成品
3. 操作要点
(1) 原料选择　选用肉质硬、个大均匀、新鲜完整，成熟度 8 成熟，果实表面由绿转黄的沙果为原料。剔除有病虫害、腐烂、干

疤和过生或过熟的果实。

（2）清洗、切分、去核　将选好的沙果清洗干净，除去果柄，对半切开，挖去子巢。立即放入 1%～2% 的食盐水溶液中进行护色。

（3）硫处理　将护色后的沙果捞出，用清水冲洗后，沥干水分，放入浓度为 0.2%～0.3% 的亚硫酸氢钠溶液中浸泡 4～6h，进行硫处理。然后用清水漂洗 1 次，并沥干水分。

（4）糖煮、糖渍　以果重 25% 的砂糖，配制成浓度为 45%～50% 的糖液，放在锅内煮沸后，倒入经处理的沙果，重新煮沸，维持微沸煮制 3～5min 后，加入浓度为 50% 的冷糖液 10kg，煮沸 3～5min，再加入浓度为 50% 的冷糖液 10kg，继续煮沸 5～8min 后，开始分 3 次加入白砂糖，每次加入果重 15% 的砂糖，每次加糖煮沸 8～10min，第 3 次加糖后煮沸 15～20min，直至果肉被糖液浸透。将沙果连同糖液一起放入缸内，浸渍 24～48h，待果坯充分吸足糖液，外形饱满时止。

（5）烘干　将经糖渍的沙果坯捞出，沥干糖液。然后将其逐个用手压成扁圆形，摆放在烘盘上，送入烘房在 60～70℃ 的温度条件下，烘烤 24～48h，至表面不粘手为止。烘烤过程中应注意翻盘和倒盘 1～2 次，以使果坯受热均匀。

（6）包装　将烘烤好的沙果脯取出，待冷却回潮后，经整型并剔除杂质和不合格的果脯，然后装入聚乙烯薄膜袋中进行包装。

七、葡萄果脯

1. 原料配方

葡萄 50kg，白糖 25～35kg，柠檬酸 0.6～0.8kg，0.05% 的高锰酸钾溶液适量。

2. 工艺流程

选料→原料处理→糖制→烘烤→回软拌粉→分级→包装→成品

3. 操作要点

（1）选料　葡萄原料成熟度需高些，可在 9 成熟到足熟之间采收。最好选用色淡的品种。

（2）原料处理　将腐烂粒摘除后，用剪刀把果穗剪成小穗，然后用流动水冲洗 2～3min，再用 0.05% 的高锰酸钾溶液浸泡 3～5min，最后用清水漂洗 2～3 次，洗至水不带红色为止。摘粒时注意不要摘破，同时进行挑选，剔除伤烂、病虫害果及过生过小的未成熟粒。将选好的葡萄粒用沸水热烫 1～2min，然后立即放入冷水中冷却。

（3）糖制　每 50kg 葡萄加入白糖 25～35kg，一层果一层糖腌渍起来，最后要用糖把果面盖住。糖渍 24h 后，把糖液滤入锅中，加入白糖 10kg 煮沸溶化，倒入果实中，继续糖渍 24h。

将糖渍葡萄的糖液滤出，倒入锅中加热，加入白砂糖 10kg，待溶化后煮沸并停止加热，将葡萄倒入，浸泡 4～6h，然后捞出再向糖液中加入白砂糖 10kg，煮沸溶化，并加入适量柠檬酸，保持糖液中含有适量的还原糖，倒入上述糖浸的葡萄，连糖液一起移入缸中浸泡 24～48h。总之，葡萄果脯的糖制就是将葡萄放入逐渐增浓的糖液中进行渗糖的过程，一般不能和糖液共煮。经 1～2 日后，视葡萄浸糖饱满变得透明时即可。

（4）烘烤　葡萄果脯的烘烤分两次进行，中间要注意通风排湿和倒盘整型。第 1 次烘烤时，将葡萄轻轻捞出，沥净糖液后放入盘中摊平，送入烘房，在 60～65℃ 的温度下烘烤 6～8h，待葡萄中的含水量降至 26%～34% 时，取出烤盘，适当回潮整型后进行第 2 次烘烤。第 2 次烘烤温度控制在 55～60℃，烘 4～6h，待含水量降至 18% 左右、产品不粘手时即可出房。葡萄脯的烘烤中要注意调换烘盘位置，翻动盘内果实。倒盘一般在第 1 次烘烤结束时进行，结合倒盘，可适当地用手将果实搓成圆形或扁圆形。

（5）回软拌粉　烘烤好的产品放在室内，回潮半天至 1 天，剔出带有黑点或发黑的果脯以及破碎者等不合格产品，将合格品进行拌粉。将葡萄糖和柠檬酸分别研成细末，按 40:1 的比例混合均匀，使回潮的葡萄果脯在粉中滚过，风干半天即可进行包装。另外，因葡萄品种不同，果实酸度不一样，可据口味不同，粉中柠檬酸的量可适当增减。

（6）包装　用带有商标的无毒塑料袋包装，每袋 100g、200g、250g 不等，密封后放入阴凉干燥处贮存。

八、柿脯

1. 原料配方

（1）原料　柿子 100kg，白砂糖 125kg。

（2）试剂　柠檬酸 0.2%，氯化钠 4.5%，氧化钙 1.5%，亚硫酸 0.3%。

2. 工艺流程

选料→清洗→脱涩→去皮→切分→硫处理→烫漂→浸糖→烘干→包装→成品

3. 操作要点

（1）选料　选个大、肉厚、含糖高，并剔除虫害及机械损伤的果实。

（2）脱涩　用 4.5% 氯化钠和 1.5% 氧化钙的混合液浸泡柿子，用重物压住，以防柿子上浮和产生白膜及褐变现象。

（3）去皮、切分　削皮后，纵切 4 块，清水脱盐。

（4）硫处理　将无咸味的果块浸入亚硫酸水溶液中（二氧化硫含量为 0.3% 左右），浸至半透明即可。

（5）烫漂　促使组织软化，便于渗糖，沸水中煮沸 2~5min。

（6）浸糖　在 45% 左右已煮沸的糖液中放入果块，沸腾 5min，加入 45% 的冷糖液，加量为果块重的 10%。反复 3~4 次，至果块变软，开始加入白砂糖，分 4~5 次加入，同时加入少许冷糖液，然后只加白砂糖，为防返砂，可加入适量柠檬酸。

（7）烘干　沥去糖液，入烘房，温度控制在 60~70℃，烘至不粘手为止。

九、麻辣桃片

1. 原料配方（以桃片为基准）

桃片 100%，白砂糖 65%~70%，麻辣粉 10%~12%，胡椒粉 5%~10%，明矾 0.06%，精盐 5%~8%。

2. 工艺流程

配调味粉

选料→浸泡→烫漂→油炸→拌粉料→包装→成品

3. 操作要点

（1）选料　选无病虫害、肉质未烂、果皮略显微红的桃浸没水中，水量稍高于桃果表面，再按桃重量的 0.06% 添加明矾，不断搅拌以洗净桃果表面的毛及污物，然后捞起沥干，用不锈钢刀沿果缝将桃切成两半去核，接着将果肉沿纵向切成 2mm 左右的薄片。

（2）浸泡　把桃片倒进 1% 石灰水中，充分搅拌后浸泡 4h，然后捞出，放到流动水中清洗，除尽石灰味。

（3）烫漂　桃片浸泡后倒入沸水中，烫煮 10～20s，捞起再放冷水中，漂洗 5min 左右，随后搁置通风干燥处晾晒或烘至八九成干。

（4）配调味粉　按白砂糖 65%～70%、麻辣粉 10%～12%、胡椒粉 5%～10%、精盐 5%～8% 备齐，再混合，搅拌均匀。

（5）油炸　大锅内放色拉油，加热升温至 150～180℃，用大丝捞子装上桃片干，置锅内油炸 3～5min 取出。炸制时要不停地晃动大丝捞子，以防部分果肉油炸不足或过度。

（6）拌粉料　炸过的桃片放网篮中静置一会儿，沥干油分，趁热移入敞口容器，立即加入占桃片重量 12%～15% 的调味粉拌匀。

（7）包装　拌料后的桃片重新装进大丝捞子，抖动几下除去未粘牢的调味粉，冷却至室温后，即可按 50g、100g、200g 称重，用食品塑料袋包装密封。

第三节　蔬菜休闲食品

一、糖蜜萝卜丝

1. 原料配方

萝卜 50kg，环己基氨基磺酸钠 1kg，浓度为 10% 的食盐水50kg，甜宝 200g，明矾 200g，增香剂 1.5kg，绵白糖 15kg，滑石粉适量,柠檬酸100g。

2. 工艺流程

洗净去皮→切丝→盐浸→糖浸→烘干→浸渍→烘干→拌粉风干→成品

3. 操作要点

(1) 去皮 切丝将萝卜洗净去皮后,切成2mm×2mm×80mm的细长丝。

(2) 盐浸 配制浓度为0.4%的明矾溶液,然后加入食盐,使盐液浓度在10%左右。将萝卜丝加入,使盐液浸没萝卜丝。心里美萝卜腌1~1.5天,白萝卜腌3天,卞萝卜腌4~5天。

(3) 糖浸 沥干水分后,再用糖腌。卞萝卜用30%左右的糖液腌制3天左右,心里美萝卜和白萝卜以原料质量30%的糖直接与萝卜丝拌匀,糖渍3天,沥干糖液送入烘房。

(4) 烘干 将萝卜丝在65℃左右温度下烘至七八成干,即为半成品。

(5) 浸渍 在200kg水中加入配方中各种调味料稍加溶解,然后放入萝卜丝半成品,待液体全部被萝卜丝吸收后,放入烘房,温度为55℃左右,烘至七成干。

(6) 拌粉 将萝卜丝从烘房取出后,每100kg拌入5kg左右滑石粉。所用滑石粉应不含有石棉成分,以广西的滑石粉为最佳。

(7) 风干 稍加风干后,即为成品。

(8) 成品 外形近似青红丝,酸甜适口,有一定韧性。

4. 注意事项

为了矫正萝卜味,可加入一些用甘草、丁香等香料制成的调味液,以代替部分水使用。

二、糖蜜菊芋

1. 原料配方

菊芋100kg,白砂糖75~80kg,亚硫酸氢钠、柠檬酸适量。

2. 工艺流程

原料选择→清洗→去皮→切分→硫处理→烫漂→糖煮→糖渍→

上糖衣→包装→成品

3. 操作要点

（1）原料选择　选用块形圆整、肉质细腻、嫩脆、粗纤维少、无病虫害的新鲜菊芋为原料。

（2）清洗　用清水将菊芋浸泡20～30min，使所沾污的泥土软化，然后在流动水中彻底刷洗干净。

（3）去皮、切分　用竹片或小刀刮去菊芋的表皮，削除斑疤和损伤部分。然后切分成厚度为0.3～0.5cm的薄片。

（4）硫处理　将切好的菊芋片，立即放入浓度为0.2%的亚硫酸氢钠水溶液中，浸泡4～6h，捞出，用清水冲洗干净，沥干水分。

（5）烫漂　经硫处理的菊芋片，在沸水中烫漂3min左右，待菊芋片显半透明时，捞出，迅速用冷水冷却，并沥净水分。

（6）第1次糖煮、糖渍　以菊芋片质量30%的砂糖，配制成浓度为40%的糖液，在锅中煮沸，倒入菊芋片煮制6～8min，将菊芋连同糖液一起倒入缸中，糖渍12h。

（7）第2次糖煮、糖渍　将糖渍的菊芋片捞出，沥净糖液。加砂糖调配糖渍液浓度至55%，并加入0.2%～0.3%的柠檬酸，煮沸后倒入经糖渍的菊芋片，继续煮制8～10min，连同糖液一起移入缸中糖渍12h左右。

（8）第3次糖煮、糖渍　从缸中捞出经2次糖渍的菊芋坯，沥净糖液。将糖渍液浓度调配至65%，并适量加入少许蜂蜜，在锅中煮沸后，倒入菊芋片，用文火微沸煮制15～20min，直至糖液浓度达70%时，将菊芋坯连同糖液一起放入缸中糖渍10～12h。

（9）上糖衣　将糖渍的菊芋坯捞出，沥净糖液，放在现配制的过饱和糖浆中，不断翻拌，使菊芋片均匀包裹一层糖衣，摊开晾干即为成品。

三、子姜蜜饯

1. 原料配方

生姜150kg，白糖90kg，石灰4.5kg。

2. 工艺流程

选料→制坯→灰漂→水漂→漂烫→煨糖→收锅→起货→拌糖粉→包装→成品

3. 操作要点

（1）选料　选择体形肥大、质嫩色白的子姜作坯料。以白露前挖的八成熟的姜最好。

（2）制坯　削去姜芽，刨净姜皮，用竹扦刺孔。孔要刺穿，均匀一致。

（3）灰漂　将坯料放入5%的石灰水中，用工具压住，以防止上浮，使姜坯浸灰均匀，浸泡时间需12h。

（4）水漂　浸灰后用清水浸漂4h，其间换水3次，至用手捏坯料带滑腻感时即可。

（5）漂烫　锅内水温达80℃时，放姜坯入锅，煮沸5～6min后，放入清水中漂4h，再煨糖。

（6）煨糖　将姜坯放入蜜缸，倒入少量的冷糖浆（38°Bé）煨糖12h后，将坯料与糖浆（35°Bé）一起入锅，煮沸，至103℃时舀入蜜缸，喂48h。

（7）收锅　将姜坯与糖浆（35°Bé）一并入锅，待温度升至107℃时，起入蜜缸，蜜制48h即可起锅。

（8）起货　先将新鲜精制糖浆煎至110℃，放入蜜坯，用中火煮制约30min。待温度升到112℃时，即可起锅，滤干，冷至60℃左右。然后均匀地拌上白糖粉，即为成品。

（9）包装　真空包装，杀菌后即为成品。

四、蜜饯藕片

1. 原料配方

藕片50kg，白糖35kg，水70kg，糖粉5kg。

2. 工艺流程

原料处理→酸漂→水漂→糖渍→上糖衣→包装→成品

3. 操作要点

（1）原料处理　选择肉质白嫩，根头粗壮的鲜藕为原料。用抹布、稻草等将鲜藕外表黏附的淤泥洗干净，切去藕节、烂藕梢。对那些被淤泥塞满孔洞的藕段，可用鹅毛管通洗干净。然后将干净的藕节放入冷水锅中加温煮沸至藕稍软后，用筷子轻轻刮得掉皮时即捞入冷水中浸泡。待藕冷却后，用竹签将藕皮刮净，再用刀切成厚1cm的藕片。

（2）酸漂、水漂　经过切分后的藕片，首先应经酸漂。具体做法是用淘米水或米汤浸泡藕片6天左右。利用其酶和微生物，使藕中的一部分淀粉发生转化。浸泡时间可根据气温而定，夏天稍短，冬天稍长。藕片酸漂后进行清水漂洗，洗去藕片过多的酸味、异味及脏物。漂洗时间为48h，每隔8h换水1次。

（3）糖渍　这是制作蜜饯最关键的一道工序。根据藕的特性，采取多次变温浸渍较为适宜。先将水漂后的藕片放入糖液缸中冷渍。将白糖和水放入锅内加热至沸，使其糖溶化即可。第2天将浸渍藕片和糖液单独从缸中转入双重锅内，加热，煮沸至103℃时，停止加温，立即起锅倒入原来蜜渍藕片的缸中，进行第2次蜜渍藕片。待第4天时将藕片连同糖水一起下双重锅加热，待糖温达到108℃时（大约需30min），起锅，放入缸中静置1天。第5天再将藕片连同糖水一起倒入双重锅中加热，待糖温达112℃时（约30min），起锅。

（4）上糖衣　将蜜渍后的藕片起锅沥干糖液后，如果表面还不够干，可送入烤房干燥，烤房内的温度不能超过60℃。干后在蜜藕片上裹一层糖粉，再用筛子筛去过多的糖粉即为成品。

糖粉制作，将白砂糖加少许清水加热使糖充分融化，倒入木槽中，冷却变干后再取出碾磨成粉。

（5）包装　用复合袋抽真空包装。

五、莴笋蜜饯

1. 原料配方

新鲜莴笋30kg，白砂糖25kg，糖粉5kg，石灰1.2kg，山梨酸钾20g。

2. 工艺流程

原料挑选→处理→浸石灰→热烫→糖煮→糖渍→煮制→防腐→上糖衣→包装→成品

3. 操作要点

（1）原料挑选、处理　选用成熟度适宜，不老不嫩的新鲜莴笋，削去莴笋外皮，修平整，切成长 4cm、宽 2cm 的长形条。

（2）浸石灰　将莴笋条放入 5% 的清石灰液中浸泡 12h，然后清水冲洗几遍，冲掉残余的石灰。

（3）热烫　莴笋条放入热水锅中，煮沸 15min 后捞出，投入冷水中冷却。

（4）糖煮　将冷透的莴笋条和 70% 的白砂糖一同入锅。待糖溶化，煮沸，然后煨糖 20min 起锅。

（5）糖渍　将莴笋条和糖液一同入缸，浸渍 3 天，使莴笋条充分吸收糖液。

（6）煮制　将莴笋条和糖液重新放入锅中，并加入剩余的 30% 的砂糖。先用大火再用中小火煮制，约煮 90min，煮到莴笋内外糖渗透时为止。

（7）防腐　向煮好的莴笋条添加山梨酸钾防腐。

（8）上糖衣　沥去莴笋多余的糖液，放到糖粉中拌匀，筛去糖粉，放在案板上晾凉。

（9）包装　将莴笋条装入食品袋中，杀菌后即为成品。

六、蜜番茄

1. 原料配方

鲜番茄 115kg，蔗糖 50kg，食盐 1.5kg，石灰 1.5kg。

2. 工艺流程

原料选择→清洗→去皮→制坯→盐渍→硬化→漂烫→糖渍→拌糖粉→包装→成品

3. 操作要点

原料选择、清洗、去皮工序操作可参照番茄脯进行。

（1）原料选择　应选新鲜或冷藏良好的小番茄，色红、形态和风味均好，未受病虫危害，果肉硬度较强，果肉肥厚，子少，汁液少，耐煮性强，成品率高。

（2）清洗　将番茄入清洗槽内，洗净表面的泥沙。

（3）去皮　将番茄倒入 95～98℃的热水中，烫 15～40s，烫至表皮易脱离为宜。然后立即捞入冷水中搓擦去皮。

（4）制坯　番茄去皮后，用专用针具在番茄外表均匀地进行刺孔，再用专用刀具沿番茄周身划 8～12 刀，制成果坯。

（5）盐渍　将果坯和食盐搅拌均匀，腌渍 1～2h 后，用手轻轻挤压，去除汁液及籽粒。

（6）硬化　将盐渍后的番茄坯放入石灰水中浸泡 6h 左右，待果坯颜色转黄，果肉略硬时即可捞出。

（7）漂烫　将番茄坯用清水洗净后，入沸水中煮 3～4min，之后放入清水缸内，浸泡 12h 左右，其间换水 3～4 次，以漂净石灰味。

（8）糖渍　先将番茄坯在 60％的糖液中浸渍 24h，然后连糖液一同入锅煮 5。min 左右，再入缸浸渍 24～36h。随后和糖液一起入锅沸煮 5min 左右，再入缸浸渍 24h。然后，将番茄坯连同糖液置于锅内，用中火煮制，并用木铲适当搅动，待糖液浓度达到 65％、番茄坯呈透明状时，即可端锅离火，连同糖液倒入缸中静置糖渍。待番茄汁糖渍 7 天后，用中火再熬煮 1h 左右，目视番茄坯进糖饱满透明时即可捞出，冷却。

（9）拌糖粉　把番茄坯放在平台上，均匀地撒上糖粉，并适当翻动，使糖粉黏附均匀，随后即可进行包装。

七、茄子蜜饯

1. 原料配方

茄子 5kg，红糖 3～3.5kg。

2. 工艺流程

原料处理→煮熟→糖蒸→曝晒→再蒸→再晒→包装→成品

3. 操作要点

（1）原料处理　选择中等大小，成熟偏老一点的茄子作原料。首先将茄子把柄去掉，洗净，用竹签在茄子四周捅成梅花形 6 个洞。洞要一捅彻底，捅透气。再在茄子腰部四周，每隔 3cm 用竹签捅个洞，也要捅透气。

（2）煮熟　将茄子放在锅中煮熟。切勿煮烂，也不可偏生。茄子煮好后捞出放进清水池子中浸泡 8～10h，将茄子里的苦水都泡出来。

（3）糖蒸　茄子泡好后用手将茄子挤成扁形，平放在盆子里。摆一层茄子，撒上一层糖，糖的用量按 500g 茄子 300～350g 糖的比例。然后，把盆子放到笼中蒸，要求盆里温度达到 100℃后，再持续蒸 1h，即可下笼。

（4）曝晒　将盆子放在阳光下曝晒 1 天。晒后按前法再蒸，蒸后再晒。如此连续 6～7 天，即可制成。

（5）包装　用塑料薄膜食品袋真空包装，杀菌后即为成品。

八、川瓜糖

1. 原料配方

鲜冬瓜 75kg，白糖 50kg，生石灰约 5kg。

2. 工艺流程

选料→制坯→灰漂→水漂→撩坯→煨糖→收锅→起锅→包装→成品

3. 操作要点

（1）选料　选用体大、组织丰满、皮薄肉厚、瓜皮呈灰白色的鲜冬瓜作坯料。

（2）制坯　将鲜冬瓜刨净瓜皮，破瓜挖心后切成（或戳成）瓜条或瓜片，也可用花刀戳成梅花形、蝴蝶形等各种形状。

（3）灰漂　先将石灰溶于清水，再将瓜坯入石灰水中（每50kg 瓜坯需用生石灰 5kg）浸泡 24h。

（4）水漂　将瓜坯入清水漂泡，清漂 3～4 天，其间每天换水 2～3 次。至水色转清，水味不含石灰涩味，手握有滑腻感即可。

（5）撩坯　瓜坯在沸水中撩煮 10min 左右。待瓜坯流水时，即可捞入清水池再清漂，约需 48h，其间换水 4～5 次，然后煨糖。

（6）煨糖　配成浓度为 40% 的糖液入缸，再将瓜坯浸入糖液，约浸 24h 即可煮制。

(7) 收锅　先舀少量糖液下锅，再将煨过糖的瓜坯连同糖液舀入锅内煮制。糖液因水分蒸发而减少时，应及时添加，以浸到上层瓜坯为宜。煮制时间约需 15h，先用大火，1h 后改用中火。待糖液浓度达到 65％以上，瓜坯剖面色泽一致、无花斑时，即可起锅静置。

(8) 起锅　煮制后的瓜坯需静置 7 天左右，然后将瓜坯连同糖液共同舀入锅内，用中火煮制 1h 左右，糖液减少时应及时添加。煮制过程中应用木铲炒动。待糖液浓度达到 68％左右时即可起锅。稍冷后可上糖衣。

(9) 包装　真空包装，杀菌后即为成品。

九、蜜饯南瓜

1. 原料配方

南瓜 100％，白砂糖 80％，山梨酸钾 0.05％，柠檬酸 0.1％～0.2％，氯化钙 0.1％。

2. 工艺流程

配料
↓
原料选择→处理→硬化→透糖→烘制→包装→成品

3. 操作要点

(1) 原料选择　选择充分成熟的南瓜，其皮部较厚，表面蜡质层厚，肉质含水分较少，能降低加工工艺难度。

(2) 处理　把南瓜剖开，去子去皮，一般用人工去皮法，然后切分，可切成方粒状，也可切成条状，如 1.5cm×1.5cm 正方粒以及 1.5cm×2.5cm 长方粒。

(3) 硬化　用 0.1％氯化钙溶液浸 8h。

(4) 配料　白砂糖用量为原料重 0.8 倍，配制成 40％糖液，加入 0.1％～0.2％柠檬酸，0.05％山梨酸钾。把糖液煮沸，南瓜粒浸于糖液中。

(5) 透糖　采用多次透糖法，是根据原料质地情况而定，糖液每隔 1 天加热浓缩提高糖度 5％左右，然后又把瓜粒倒入糖液中浸泡，这样反复操作，直到糖液浓度提高到 60％以上再浸泡 1～2 天，可看到瓜粒呈透明状态，说明透糖已基本结束。

（6）烘制 把南瓜从浓糖液中捞起，摊于烘盘中在 60～65℃ 下干燥，最终产品含水量达 24％～25％。

（7）包装 用玻璃纸粒状包装，微波消毒，再大包装后为成品。

第一节 水产肉干食品

一、多味小鲫鱼干

1. 原料配方

鲜小鲫鱼 100kg，精盐 4kg，白砂糖 6kg，黄酒 5kg，桂皮 500g，八角 300g，生姜 1kg，月桂叶 100g，花椒 200g，陈皮 100g，味精 200g，干辣椒 50g。

2. 工艺流程

调料液配制
↓
原料处理→盐渍→浸腌→沥干→烘制→包装→成品

3. 操作要点

（1）原料处理 用刀轻轻刮除鱼鳞，剪去鱼鳍，然后用小刀或剪刀进行剖腹，挖去内脏，除去鱼鳃，然后用清水冲洗干净。

（2）盐渍 将洗净的小鲫鱼放进 4% 的盐水中，盐渍约 20min。鱼与盐水比例为 1∶2，腌完捞出用清水冲洗一遍，沥干水分，待用。

（3）调料液配制 白砂糖 6kg，黄酒 5kg，精盐 4kg，桂皮 500g，八角 300g，生姜 1kg，月桂叶 100g，花椒 200g，陈皮 100g，味精 200g，干辣椒 50g，水 100kg。首先将桂皮、八角、生姜、月桂叶、花椒、干辣椒和陈皮等用纱布袋装好，扎紧袋口，入水加热煮沸，稍加熬制，最后加黄酒、精盐、味精，过滤备用，调至总量为 100kg。

（4）浸腌 将沥干水分的小鲫鱼放入 60～80℃ 的调料液中浸腌数小时。捞起沥干。

（5）烘制 用 60～80℃ 对沥干的小鲫鱼进行烘烤，至干燥不粘手为宜。

（6）包装　按大小不同分级，进行定量包装，即为成品。

二、安康鱼干鱼片

1. 原料配方

鲜鱼片 100%，食盐 15%～20%。

2. 工艺流程

原料选择→剖割→腌渍→刷晒→包装→成品

3. 操作要点

（1）原料选择　原料以新鲜安康鱼为宜，鲜度较差但无腐败气味，大小不一的均可加工。一般 2kg 以下者适宜剖割开片，冷冻或干制，2kg 以上者剖割后，可将尾部肌肉剔下加工肉条。

（2）剖割　将冲刷干净的鱼体放在割鱼板上，腹面向上，头向人体，用刀自颈部开始，沿腹部中线切至尾部，再回刀切开鱼头，将两鳃割开，成为全开鱼片，取出内脏，再从肉面脊骨两侧各割一道渗盐线，即行腌渍。也可经过洗刷后再加工成冷冻品。

（3）腌渍　在地板上或鱼池中，层鱼层盐腌制，用盐量为鲜鱼片的 15%～20%，经 2～3 天即可腌好。

（4）刷晒　腌渍好的鱼片，用海水将黏液和其他污物全部洗刷干净，沥水后在草板或竹帘上平晒，先晒内面，待干燥一层硬皮后再行翻转当晒至六七成干时，收起垛压，以便整形和扩散水分。2～3 天后，再重新出晒干至全干为止。出成率一般在 18% 左右。

三、麻辣白鲢鱼

1. 原料配方

白鲢 10kg，食盐 0.25kg，味精 0.05kg，花椒 0.2kg，小茴香、桂皮、草果各 0.2kg，辣椒 0.2kg，姜粉 0.03kg，料酒 0.1kg，酱油 0.2kg，天博鸡味香精 20928 号 0.03kg，色拉油、葱白、生姜适量。

2. 工艺流程

熬料水

白鲢处理→清洗→沥水→腌制→晾制→油炸→调味┐

成品←杀菌←真空包装←┘

3. 操作要点

(1) 白鲢处理、清洗、沥水、腌制 将鱼剖腹处理后，摘除内脏及鱼鳃，清洗干净，以去除鱼腥味。将花椒、小茴香、桂皮、草果、辣椒、姜粉用纱布袋装好，扎紧袋口，入水加热煮沸，熬制料水，过滤备用。加入料水、食盐、味精、料酒、葱白、生姜腌制24h，目的是去除鱼腥味，赋予鱼体内外一定风味。注意保持料水温度不高于10℃，以防止鱼体变质。

(2) 晾制 待腌制时间到后，吊挂晾干表面水分，阴天65℃烤制1h，表面稍干爽，以利于油炸。

(3) 油炸 油炸温度160℃，时间2min，目的是除去鱼腥味，使鱼体坚挺，增强鱼肉韧性，并赋予鱼体特殊的风味，将鱼放入捞篱内，以便熟后取出，同时注意一次不可下入太多的鱼，以防油温下降太多。

(4) 调味、真空包装 将色拉油烧热到180℃将辣椒粉、花椒粉拌匀后将热油泼入其中，边泼边搅拌，待油冷却后加入天博鸡味香精20928、姜粉，将酱油、料水、料酒混合，将炸后鱼浸入调料水中，以在杀菌时赋予鱼体一定的麻辣味。将拌后调料涂抹鱼体上装入高温蒸煮袋中真空包装。

(5) 杀菌 待满一个工作单位后将其推入杀菌罐，开始杀菌，杀菌公式为15min-25min-15min/121℃，反压2.5。杀菌时不得装入太多，且保证最上一层在水面以下。

第二节 水产肉脯食品

一、香辣鲨鱼脯

1. 原料配方

(1) 原料 新鲜鲨鱼肉100%，醋酸1.5%～2%（或冰醋酸

$0.5\%\sim0.7\%$），白糖 3%，酱油 4%，精盐 2%，味精 0.2%，黄酒 1%。

（2）香辛料 茴香 20g，甘草 20g，花椒 20g，桂皮 20g，红辣椒粉 150g，丁香 50g。

2.工艺流程

$$香料水配制 \rightarrow 调味液配制$$

原料处理 → 浸酸 → 漂洗 → 调味浸渍 → 烘烤 → 包装 → 成品

3.操作要点

（1）原料处理 将新鲜鲨鱼（以条重 500kg 以上为宜）剖腹去内脏，洗净腹腔后去皮，分割成条块状净鱼肉，然后切成截面 $2cm \times 3cm$ 左右的肉条，再沿肌肉纤维平行切成 2mm 薄片。若鱼肉色较深可用 1 倍量 5% 浓度的盐水漂洗 $5\sim10min$，使部分血溶于盐水而脱去，然后用清水漂去血污。

（2）浸酸 浸酸的目的是除去鲨鱼肉的脲臭。将鱼片放在耐酸容器内，加入其重 $1.5\%\sim2\%$ 的食用醋酸或加冰醋酸 $0.5\%\sim0.7\%$（用 1 倍量清水稀释），边加边搅拌，至鱼肉均匀受酸后浸渍 30min 左右即脱去氨味，使 pH5～6 为止。

（3）漂洗 浸酸后的鱼肉，要用大量清水漂洗脱酸，直至接近中性为止，即可离心脱水，或用重力压榨法脱去部分水分，使鱼肉内容易吸收调味液。

（4）香料水配制 取小茴香、甘草、花椒、桂皮各 20g，红辣椒粉 150g，丁香 50g，洗净。加水 9L，煮至剩 3.3L 左右，用纱布过滤，去渣备用。

（5）调味液配制 先将香料水放在锅内，加白糖、酱油、精盐，边煮边搅拌，待煮沸溶解后，再加入味精，搅匀放冷后加入黄酒备用。

（6）调味浸渍 将脱水后的鱼肉片，放在调味液中浸渍 2h 左右，捞起沥干。

（7）烘烤 将沥去调味液的鱼肉片，平整地摊放在晒网烘架上，在 $60\sim70°C$ 温度下烘至六七成干（或晒干），然后逐渐升温至 $100\sim110°C$ 焙烤至 9 成干，带有韧性为度。

（8）包装 成品自烘房取出，自然冷却至室温，然后用聚乙烯袋定量包装，严密封口（或用复合薄膜真空包装），装入内衬防潮纸板箱，贮藏于阴干处。

二、多味鱼肉脯

1. 原料配方

（1）擂溃配方 新鲜鱼 100％，6％食盐，0.2％味精，3％白砂糖，0.2％五香粉，0.3％姜粉，0.2％焦磷酸钠。

（2）调味汁配方（以每千克鱼肉计） 生姜 1g，酱油 18g，白砂糖 15g，精盐 4g，味精 0.3g，胡椒粉 1g，辣椒干 1g，桂皮 15g，八角 15g，清水 300g。

2. 工艺流程

选鱼→去鳞→剖片→脱腥→漂洗→擂溃→烘片→油炸→调味→沥干→烘制→成品

3. 操作要点

（1）选鱼 选较大、膘肥的新鲜鱼，并将其洗净。冻鱼在室温下用流水解冻、洗净。

（2）去鳞 将整条鱼浸入 80～85℃，浓度为 3％的碳酸钠溶液中 10～15s，然后立即移入冰水中不断搅动 3～4min，取出，用刀刮去鱼鳞，清洗干净。

（3）剖片 用刀垂直将鱼头切下，沿背椎骨向鱼尾割下一片完整的鱼肉。用同样的方法得到另一片鱼肉。

（4）脱腥 将鱼肉片放入浓度 6％食盐溶液中浸泡 30min，鱼肉和盐水之比 1∶2，浸泡过程中翻动 2～3 次。浸泡结束后用流动水漂洗 2～3min。

（5）漂洗 将脱腥后的鱼肉泡在 5 倍的清水中，慢慢搅动 8～10min 静置 10min，倒去漂洗液，再按以上方法重复操作 3 次。最后 1 次漂洗用 0.15％食盐水溶液。漂洗后沥干水分。

（6）擂溃 分为空擂、盐擂和调味擂溃三个阶段。空擂是将鱼肉放入绞拌机内粗绞一次成糜，时间为 5min。鱼糜应粗细适中。随后盐擂，将 3％食盐溶于水，加入鱼糜中，搅拌研磨 10min，使鱼肉变成黏性很强的溶胶。最后是调味擂溃，先将 0.2％味精、3％白砂糖、0.2％五香粉、0.3％姜粉、0.2％焦磷酸钠（以鱼肉重量计）溶于水，倒入鱼糜中，匀速搅拌 3min。然后将 4％淀粉溶于水，加入鱼糜中再搅拌 3min。

（7）烘片　将处理好的鱼糜摊到模板上，厚度为 2～3mm。将模板连同鱼糜置于鼓风干燥机中，在 45℃温度下烘 3h，取下，将半干制品放到网片上，在 50℃温度继续烘 4h，使鱼片水分降至20％左右。

（8）油炸　将烘好的鱼片切成小块投入温度为 190～200℃的色拉油中，轻轻翻动，炸 5～7min，当鱼脯表面呈金黄色时捞出沥油。

（9）调味　按配方的量将洗净的桂皮、八角、生姜投入锅中，加水煮沸，保持微沸 1h，然后捞出香料，控制锅中配液为 300g 左右，用纱布过滤后，加入酱油等并加热，搅拌溶解、煮沸。将炸好的鱼脯趁热浸入调味汁中，浸泡 10～15s，捞出沥干。

（10）烘制　将鱼肉脯放入鼓风干燥箱中，在 100℃温度下烘至酥脆，然后密封包装，即得成品。

三、橡皮鱼脯

1. 原料配方

（1）原料　新鲜橡皮鱼 2kg，醋酸 20g，白糖 50g，酱油 50g，精盐 20g，味精 10g，黄酒 50g。

（2）香辛料　小茴香 20g，甘草 20g，花椒 20g，桂皮 20g，红辣椒粉 150g，丁香 50g。

2. 工艺流程

香料水的配制→调味液配制
　　　　　　　　　　↓
原料处理→浸酸→漂洗→调味浸渍→烘烤→包装→成品

3. 操作要点

（1）原料处理　将新鲜橡皮鱼剖腹去内脏，洗净腹腔后去皮，分割成条块状净鱼肉，然后切成截面 2mm×3mm 左右的肉条，再沿肌肉纤维平行切成 2mm 薄片。若鱼肉色较深可用 1 倍量 5％浓度的盐水漂洗 5～10min，使部分血溶于盐水而脱去，然后用清水漂去血污。

（2）浸酸　将鱼片放在耐酸容器内，加入其重 1.5％～2％的食用醋酸或加冰醋酸 0.5％～0.7％（用 1 倍量清水稀释），边加边搅拌，至鱼肉均匀受酸后浸渍 30min 左右即脱去氨味，使 pH5～6 为止。

（3）漂洗　浸酸后的鱼肉，要用大量清水漂洗脱酸，直至接近中性为止，即可离心脱水，或用重力压榨法脱去部分水分，使鱼肉内容易吸收调味液。

（4）香料水的配制　取小茴香、甘草、花椒、桂皮各 20g，红辣椒粉 150g，丁香 50g，洗净。加水 9L，煮至剩 3.3L 左右，用纱布过滤，去渣备用。

（5）调味液配制　先将香料水放在锅内，加白糖、酱油、精盐，边煮边搅拌，待煮沸溶解后，再加入味精，搅匀放冷后加入黄酒备用。

（6）调味浸渍　将脱水后的鱼肉片，放在调味液中浸渍 2h 左右，捞起沥干。

（7）烘烤　将沥去调味液的鱼肉片，平整地摊放在晒网烘架上，在 60～70℃温度下烘至六七成干（或晒干），然后逐渐升温至 100～110℃焙烤至 9 成干，带有韧性为度。

（8）包装　鱼肉片自烘房取出，自然冷却至室温，然后用聚乙烯袋定量包装，严密封口（或用复合薄膜真空包装），装入内衬防潮纸板箱，贮藏于阴干处。

四、美味鱼肉脯

1. 原料配方

（1）主料　鱼肉 1kg。

（2）擂渍　味精 2g，白糖 30g，五香粉 2g，姜粉 3g，焦磷酸钠 2g，淀粉 40g。

（3）调味汁　生姜 1g，酱油 18g，白砂糖 15g，精盐 4g，味精 0.3g，胡椒粉 1g，辣椒干 1g，桂皮 15g，八角 15g，清水 300g。

2. 工艺流程

原料选择→原料预处理→去鳞→切片→脱腥→漂洗→擂溃→烘片→油炸→调味→烘制→包装→成品

3. 操作要点

（1）原料选择 加工鱼脯主要以无刺的鱼肉为原料，因此宜选较大、膘肥的鱼。以冻鱼为原料时，需解冻后加工，并且为防止解冻时造成的汁液流失过多，一般要求冻鱼在室温下用流水解冻、洗净。

（2）去鳞 去鳞前需将鱼浸入 80～85℃，浓度为 3% 的碳酸钠溶液中浸泡 10～15s，然后立即移入冰水中并不断搅动 3～4min，取出，用刀刮去鱼鳞，清洗干净。

（3）切片 用刀垂直将鱼头切下，沿背椎骨向鱼尾割下一片完整的鱼肉。用同样的方法得到另一片鱼肉，为便于接下来的处理，要求切片尽量完整并将鱼肉充分利用。

（4）脱腥、漂洗 将鱼肉片放入浓度为 6% 的食盐溶液中浸泡30min 脱腥，要求鱼肉和盐水的比例大于 1:2，并且要在浸泡过程中翻动 2～3 次。待浸泡结束后，将脱腥后的鱼肉用流动水漂洗2～3min，再泡在 5 倍的清水中，慢慢搅动 8～10min，静置10min，然后倒去漂洗液，再按以上浸泡方法重复操作 3 次。最后1 次漂洗用 0.15% 的食盐水溶液，漂洗后沥干水分。

（5）擂溃 擂溃分为空擂、盐擂和调味擂溃三个阶段。空擂是将鱼肉放入绞拌机内粗绞一次成糜，时间为 5min。鱼糜应粗细适中。盐擂是将 3% 的食盐溶于水，加入鱼糜中，搅拌研磨 10min，使鱼肉变成黏性很强的溶胶。调味擂溃是先将味精、白糖、五香粉、姜粉、焦磷酸钠溶于水，倒入鱼糜中，匀速搅拌 3min。然后将淀粉溶于水，加入鱼糜中再搅拌 3min。

（6）烘片 将处理好的鱼糜平整地摊到模板上，厚度为23mm。然后将模板连同鱼糜置于鼓风干燥机中，在 45℃下烘 3h，将半干制品取下并放到网片上，50% 继续烘 4h，使鱼片水分降至20% 左右。

（7）油炸 将烘好的鱼片切成小块投入温度为 190～200℃ 的

色拉油中，轻轻翻动，炸 5～7min，当鱼脯表面呈金黄色时捞出沥油。

(8) 调味　按配方的量将洗净的桂皮、八角、生姜投入锅中，加水煮沸，保持微沸 1h，捞出香料，控制锅中配液为 300g 左右，用纱布过滤后，加入剩余调料并加热，搅拌溶解，煮沸，制成调味汁。将炸好的鱼脯趁热浸入调味汁中，浸泡 10～15s，捞出沥干。

(9) 烘制　将鱼肉脯放入鼓风干燥箱中，于 100℃温度下烘至酥脆，然后密封包装，即得成品。

五、五香鱼脯

1. 原料配方

(1) 主料　鱼肉 74kg。

(2) 调味液　小茴香 0.2kg，桂皮 0.2kg，甘草 0.2kg，花椒 0.2kg，丁香 0.05kg，酱油 3kg，精盐 0.1kg，白糖 4.5kg，味精 0.1kg，黄酒 1kg，清水 9kg。

2. 工艺流程

原料验收→原料处理→脱色→浸酸脱臭→漂洗→脱水→调味→烘烤→包装→成品

3. 操作要点

(1) 原料处理、脱色　一般选择个体较大，肉质肥厚的鱼类为原料，比如鲨鱼等。首先将鱼用水冲洗，开腹，去内脏，洗净腹腔后去皮，剖割成条块状净鱼肉，再沿肌肉纤维平行切成 2mm 的薄片。为使肉色较深的褐色肉脱去部分血液，可用 1 倍量 5% 的盐水浸泡 5～10mim，然后用清水漂去血污。

(2) 浸酸脱臭　为了脱去鱼体中尿臭的氨味，需将漂洗脱色的鱼肉薄片用醋酸浸渍 30min 左右，浸泡至用试纸测试 pH 值为 5～6 为止，一般冰醋酸使用量为鱼肉的 0.5%～0.7%，食用醋酸用量为鱼肉的 1.5%～2%。

(3) 漂洗　浸酸完毕后，即用大量清水漂洗，直至洗到接近中性。为使鱼肉薄片容易吸收调味液，需将脱酸后的鱼肉薄片包在布袋内，用石块压榨或离心分离脱去部分水分。

（4）调味　按配方将小茴香、桂皮、甘草、花椒、丁香放在清水中煮沸，熬至香料液 6.6kg 左右，用纱布过滤后，加入酱油、精盐、白糖，边煮边搅。待煮沸溶解后，再加入味精，搅匀放凉，再加入黄酒，即制成调味液。若加工辣味鱼脯，可在以上调味液中增加 150g 红辣椒粉一起烧煮。将脱水后的鱼肉薄片，放入调味液中浸渍约 2h 即可捞起。

（5）烘烤　将捞起沥干调味液的鱼肉薄片平整地摊放在铁丝网烘架上，在 60～70℃ 条件下烘至六七成干，也可用日光晒干。然后逐渐升温至 100～110℃ 焙烤至九成干，以带有韧性为度。烘烤时要注意随时翻动，防止烤焦。

（6）包装　鱼片自烘房取出，自然冷却至室温后，用聚乙烯薄膜袋定量包装，严密封口，并装入带内衬防潮纸的纸板箱，以便于贮运。包装时应注意安全卫生的要求。

第三节　水产肉松食品

一、鲤鱼松

1. 原料配方

鲤鱼肉 8kg，油 150g，盐 130g，糖 300g，姜、葱、醋、料酒、五香粉各适量。

2. 工艺流程

原料处理→蒸熟→去鱼骨→调味→炒松→冷却→包装→成品

3. 操作要点

（1）原料处理　取鱼肉去杂，洗净沥干水分待用。

（2）蒸熟　将沥干水分的鱼肉装入容器，加葱、姜、料酒蒸熟（以鱼肉能剔骨为宜）出笼，除去葱、姜。

（3）去鱼骨　趁热除掉鱼骨，沥干水分。

（4）调味　锅内放少量油烧热，将鱼肉放入锅内用文火翻炒，边炒边加醋、料酒、盐，最后放糖。

（5）炒松　当炒至冒出大量水蒸气，鱼肉颜色由淡黄变成金黄，发出香味时，加入少量五香粉继续炒至锅中鱼肉松散，干燥为止。

（6）冷却　将已炒好的鱼肉离火出锅，置于浅盆、盘等容器中冷却至常温即成鱼松。

（7）包装　将已制好的鱼松用消毒过的食品袋包装好即得成品。经包装后的成品可以贮存5个月。

二、鲨鱼肉松

1. 原料配方

原料鱼100kg，酱油4kg，白砂糖3.5kg，植物油2kg，精盐0.5～1kg，味精0.3～0.5kg，姜汁、五香粉、食用色素适量。

2. 工艺流程

原料选择→原料处理→蒸煮取肉→压榨搓松→调味炒干→包装→成品

3. 操作要点

（1）原料选择　鱼松加工的原料一定要新鲜，通常用的原料为鲜度标准2级的鲜鱼，决不能采用变质鱼来生产鱼松。

（2）原料处理　原料鱼先水洗，并除去鳞、鳍，剖腹去内脏，斩去头尾，再用水洗去血污杂质，沥水。

（3）蒸煮取肉　处理洗净后的原料鱼，用蒸汽蒸熟。因蒸煮能使肌肉蛋白质凝固，纤维收缩，结缔组织受热使鱼肉容易与骨、刺、鱼皮分离，便于取下鱼肉。蒸煮的鱼冷却后进行剥肉。剥肉时要去掉鱼皮、脊骨、鱼刺等，肚肉也应去掉另外处理。也可以将原料鱼处理好后，通过采肉机直接采得鱼肉，再由生鱼肉加工成鱼松。

（4）压榨搓松　去骨后的鱼肉，先行压榨，脱水；再置于浅锅中用木槌捣碎，搓散，用文火不断炒拌至半干，视鱼肉呈纤维状（捏在手上能自行松开）为止。取出放在扁平的容器中摊均匀，冷却后进行配料。也可不进行压榨脱水处理，直接置于锅中捣碎、搓散，炒至半干。这样时间虽要大大延长，但可避免大量的水溶性蛋白质、维生素和无机盐等营养物质在压榨过程中流失。

（5）调味炒干　调味应根据各地消费者的口味嗜好、生活习惯不同，以及消费对象的具体情况，酌情增减调味料的配比，或适当调整配方，使成品的风味能符合当地人民的需求喜爱。将上述半干的鱼松加入调味料后拌匀，再继续炒焙至干燥为止。取出放于密竹筛或其他容器内冷却。拣去小刺和小团粒。

（6）包装　成品鱼松冷却后，含水分控制在 12％～16％；用印有商标说明的塑料袋包装，一般多用小包装，然后再用纸板箱包装。

三、牡蛎肉松

1. 原料配方

脱壳牡蛎 30kg，白肉鱼肉糜 10kg，大豆蛋白或小麦面筋500g，色拉油 200mL，调味料适量。

2. 工艺流程

原料处理→调配→加热→包装→杀菌→成品

3. 操作要点

（1）原料处理　取脱壳牡蛎放入冷水中，迅速用水洗净，取出后熏制 48h，使其在除去水分的同时，产生牡蛎本来的风味，然后用搅拌机搅至不成形的程度。

（2）调配　将白肉鱼（如鳕鱼、石首鱼、海鳗等）肉糜，作为赋形剂加入到牡蛎肉糜中，再加大豆蛋白或小麦面筋，并添加适量的调味料等。

（3）加热　水煎加热 2～3h，制得水分含量为 10％～30％的肉松状（直径 1～3mm）牡蛎混合物。为提高口感，加入色拉油。

（4）包装、杀菌　趁热（约 60℃）装入可加热的瓶或袋中，密封后，在 100℃以上的温度下加热杀菌 45min，即得牡蛎肉松。

参考文献

[1] 彭阳生. 高级调味油的生产工艺总结. 中国油脂, 2003, 23 (8): 32-33.

[2] 刘惠民. 几种调味油生产设备及工艺. 中国油脂, 1999, 24 (2): 56-57.

[3] 李金红. 复合调味品的调配. 中国油脂, 2006, 4 (4): 28-29.

[4] 孔佳麒, 陈慧. 调味料发展趋势. 粮食与油脂, 2007, (10): 1-3.

[5] 宁辉, 廖国洪. 肉制品的调香调味设计. 肉类研究, 2000, (4): 33-34.

[6] 毛羽扬. 复合型调味料的形成和发展. 中国调味品, 2003, 8 (8): 3-5.

[7] 吕忠庆, 庄伟年. 烧烤调味料的研制思路. 中国调味, 2011, 36 (11): 69-71.

[8] 陈洪华. 面点的调香工艺. 扬州大学烹饪学报, 2003, (2): 25-28.

[9] 王盼盼. 调香设计. 肉类研究, 2009, (8): 12.

[10] 朱海涛, 吴敬涛, 范涛等. 最新调味品及其应用. 济南: 山东科学技术出版社, 2014.

[11] 徐清萍. 复合调味料生产技术. 北京: 化学工业出版社, 2008.

[12] 于新, 吴少辉, 叶伟娟. 天然食用调味品加工与应用. 北京: 化学工业出版社, 2011.

[13] 曾洁, 马汉军. 肉类休闲小食品. 北京: 化学工业出版社, 2012.

[14] 曾洁, 邹建. 谷类休闲小食品. 北京: 化学工业出版社, 2012.

[15] 曾洁, 范媛媛. 水产品休闲小食品. 北京: 化学工业出版社, 2012.

[16] 曾洁, 赵秀红. 豆类食品加工. 北京: 化学工业出版社, 2012.

[17] 曾洁, 徐亚平. 薯类食品生产工艺与配方. 北京: 中国轻工业出版社, 2012.

[18] 曾洁, 李东华. 蔬菜小食品生产. 北京: 化学工业出版社, 2013.

[19] 高海燕, 朱旻鹏. 鹅类产品加工技术. 北京: 中国轻工业出版社, 2010.

[20] 熊善柏. 水产品保鲜储运与检验. 北京: 化学工业出版社, 2007.

[21] 刘红英. 水产品加工与贮藏. 北京: 化学工业出版社, 2011.

[22] 郑坚强. 水产品加工工艺与配方. 北京: 化学工业出版社, 2008.

[23] 武军. 蔬菜制品加工技术. 长春: 吉林科学技术出版社, 2007.

[24] 朱晓红, 张光弟. 果品蔬菜加工技术. 银川: 宁夏人民出版社, 2010.

[25] 杜连启. 炒货制品加工技术. 北京: 金盾出版社, 2011.

[26] 杜连启, 朱凤妹. 小杂粮食品加工技术. 北京: 金盾出版社, 2009.

[27] 邢亚静等. 小杂粮营养价值与综合利用. 北京: 中国农业科学技术出版社, 2009.

[28] 张鹏. 杂粮食品加工技术. 北京: 中国社会出版社, 2006.

[29] 萧雪．巧做五谷杂粮：绿野美味．北京：世界图书出版公司，2006.

[30] 张美莉等．杂粮食品加工．北京：中国农业科学技术出版社，2006.

[31] 刘静波．粮食制品加工技术．长春：吉林科学技术出版社，2007.

[32] 章银良．休闲食品加工技术与配方．北京：中国纺织出版社，2011.

[33] 顾仁勇，姚茂君，傅伟昌．肉干・肉脯・肉松生产技术．北京：化学工业出版社，2009.

[34] 冯涛，刘晓艳．食品调味原理与应用．北京：化学工业出版社，2012.

[35] 董淑炎．小食品生产加工 7 步赢利-肉类、水产卷．北京：化学工业出版社，2010.

[36] 董淑炎．小食品生产加工 7 步赢利-五谷杂粮卷．北京：化学工业出版社，2009.

本社食品类相关书籍

书号	书　名	定价
22210	复合调味料生产技术与配方	69元
19736	酱卤食品生产工艺和配方	35元
15122	烹饪化学	59元
14642	白酒生产实用技术	49元
19813	果酒米酒生产	29元
12731	餐饮业食品安全控制	39元
12285	焙烤食品工艺(第二版)	48元
20002	腌腊肉制品生产	29元
11040	复合调味技术及配方	58元
10711	面包生产大全	58元
20486	饮料生产工艺与配方	35元
21977	面包加工技术与实用配方	29元
20539	肉制品生产	29元
10041	豆类食品加工	28元
09723	酱腌菜生产技术	38元
19735	泡菜生产工艺和配方	29.9元
09390	食品添加剂安全使用指南	88元
16941	食品调味原料与应用	49元
09317	蒸煮食品生产工艺与配方	49元
18284	西餐烹饪基础	39元
20537	灌肠肉制品加工技术	29元
19358	罐头食品生产	35元
06871	果酒生产技术	45元
05403	禽产品加工利用	29元
05200	酱类制品生产技术	32元
05128	西式调味品生产	30元
04497	粮油食品检验	45元
04109	鲜味剂生产技术	29元

书号	书　　名	定价
03985	调味技术概论	35 元
03904	实用蜂产品加工技术	22 元
03344	烹饪调味应用手册	38 元
03153	米制方便食品	28 元
03345	西式糕点生产技术与配方精选	28 元
03024	腌腊制品生产	28 元
02958	玉米深加工	23 元
02444	复合调味料生产	35 元
02465	酱卤肉制品加工	25 元
02397	香辛料生产技术	28 元
02244	营养配餐师培训教程	28 元
02156	食醋生产技术	30 元
02090	食品馅料生产技术与配方	22 元
02083	面包生产工艺与配方	22 元
01783	焙烤食品新产品开发宝典	20 元
01699	糕点生产工艺与配方	28 元
01654	食品风味化学	35 元
01416	饼干生产工艺与配方	25 元
01315	面制方便食品	28 元
01070	肉制品配方原理与技术	20 元
15930	食品超声技术	49 元
15932	海藻食品加工技术	36 元
14864	粮食生物化学	48 元
14556	食品添加剂使用标准应用手册	45 元
14626	酒精工业分析	48 元
13825	营养型低度发酵酒 300 例	45 元
13872	馒头生产技术	19 元
13773	蔬菜功效分析	48 元

书号	书　名	定价
13872	腌菜加工技术	26元
13824	酱菜加工技术	28元
13645	葡萄酒生产技术(第二版)	49元
13619	泡菜加工技术	28元
13618	豆腐制品加工技术	29元
13540	全麦食品加工技术	28元
13284	素食包点加工技术	26元
13327	红枣食品加工技术	28元
12056	天然食用调味品加工与应用	36元
10597	粉丝生产新技术(第二版)	19元
10594	传统豆制品加工技术	28元
10327	蒸制面食生产技术(第二版)	25元
07645	啤酒生产技术(第二版)	48元
07468	酱油食醋生产新技术	28元
07834	天然食品配料生产及应用	49元
06911	啤酒生产有害微生物检验与控制	35元
06237	生鲜食品贮藏保鲜包装技术	45元
05365	果品质量安全分析技术	49元
05008	食品原材料质量控制与管理	32元
04786	食品安全导论	36元

如有购书和出版需要，请与责任编辑联系。

联系电话：010-64519439。E-mail：pam198@126.com。